豊田 秀樹 編著
Hideki Toyoda

北大路書房

＊本書で使用したデータについては，北大路書房の HP（http://www.kitaohji.com/）の本書のサポート情報からサンプルデータをダウンロードできます。

＊本書掲載のプログラム使用において生じたいかなる損害についても，弊社および著者は一切の責任を負いませんので，あらかじめご了承ください。

# まえがき

本書は，若手を中心とする心理学徒によるデータ分析事例集である。どの章から読んでいただいてもかまわない。データから情報を引き出すことにワクワクし，著者自身がウキウキと楽しんでいるライブ感が伝われば幸いである。

心理学研究におけるデータ分析には，これまで有意性検定による手続き化された定石があった。心理学者にとってデータ分析法を学ぶことの多くは，これまで有意性検定の手続きを覚えることであったといっても過言でなかった。それに対して米国統計学会は 2016 年に統計的有意性と $p$ 値に関する声明[1]を発表した。そこでは「科学的な結論や決定は，$p$ 値が有意水準を超えたかどうかにのみ基づくべきではない」と宣言されている。しかし声明は，新しい時代の統計データ分析の必要性を示すのみで，残念ながらそれに代わる具体的な定石を示していない。群雄割拠の 2018 年現在，承認された新しい分析手続きとしての定石は，いまだ確定していない。百家争鳴の状況だから，いろいろな流儀があって，どうすべきかの意見は必ずしも一致していない。しかし我々は権威者から新しい定石が与えられるのを待つのではなく，統一されてから動くのでもなく，本書を著した。

では，不安定なことを論じているのだろうか？　いいや，断じて違う。細かい違いはさておき，1 つだけはっきりした新しい道筋が見つかっているからである。それは尤度を使って現象を考えるという心理学研究のパラダイムである。これは有意性検定の手続きを暗記し，当てはめ，有意水準を超えたか否かを判定するという，現在主流の心理学研究のパラダイムを 180 度転換する思考法である。ベイズか頻度論かという選択とも違う。「**この興味深い現象は，どのように生成され，データとして自分の眼前に現れたのだろう**」という疑問に尤度を使って答えることである。確率分布によってデータの生成過程をモデル化することである。

有意性検定では「検定統計量を導きやすい分布にデータが従っている」ことを出発点として研究パラダイムを構成してきた。しかし，これは乱暴な出発点だったとしか言いようがない。たとえば，反応時間による実験データに $t$ 検定や分散分析を施すことは，即ちデータの分布に正規分布を仮定していることになる。仮定しないと検定統計量の導出が著しく難しくなるからである。本末転倒である。

---

1）Wasserstein, R. L., & Lazar, N. A.(Editorial) (2016). The ASA's statement on p-values: Context, process, and purpose. *The American Statistician*, **70**, 129-133.

しかし実際には，反応時間データは正規分布することは珍しく，往々にしてガンマ分布や対数正規分布や指数正規分布のほうが当てはまりがよい。正規分布を利用する際にも，混合分布や切断分布などを想定できたほうがよい。尤度による研究パラダイムは，正規分布だけを特別視せず，データの生成過程に合わせた自由な分布を利用できる。

是非にもお願いしたいことは「知らない数式の入った密度関数を指さし，『文系の自分には無理だ，扱えるはずがない』と拒否反応を示さないでいただきたい」ということである。これまでだって，密度関数の意味を深く理解していなくても正規分布が扱えた。同様に，データの生成過程を考える研究パラダイムを利用すれば，文系を自認する読者の方にも，様々な分布を扱うことが可能である。

心理学には，心理現象の一般法則の確立と，個性の在り様の記述という2つの研究目標がある。先の反応時間を例にとるならば，反応の速い人も遅い人もいる。それは個性であって誤差ではない。しかし従来から主流であった $t$ 検定や分散分析による実験心理学的分析では一般法則しか研究できなかった。尤度を使った階層モデリングを行えば，一般法則と個性の記述を同時に行う道が拓ける。心理学が希求していた両者を同時に表現する方法論が手に入るのだ。

北大路書房の Web サイト（http://www.kitaohji.com）の本書サポートページから入手できるデータとフリーの統計解析環境 R と Stan のコードによって，本書の内容はすべて再現できる。個人的利用，ゼミや授業での学習，研究活動には制限を設けないので，著作権と引用に配慮しつつ，是非，役立てていただきたい。オープンデータ＆オープンスクリプトは，研究の透明性・再現性・議論の深化にとって極めて有用である。

本書の執筆者たちは，有意性検定から心理統計に入門し，後から尤度によって現象を考える研究パラダイムを身につけた。私以外は俊英だったから，木に竹を接いだような教育経緯でも認知的不協和を起こさなかったのである。心理統計には，心理学の基礎教育の中で2単位とかせいぜい4単位割り当てられるのみである。多くの心理学徒は，尤度によって現象を考える研究パラダイムを身につけることができないまま統計教育を終えてしまう。心理統計教育には潤沢な時間が与えられているわけではないから，教える内容は厳選しなくてはならない。尤度を使って現象を考える心理統計の入門が最初歩から行われるようになることを編者は願っている。

2018年7月　　　　　　　　　　　　　　　　　　　　豊田秀樹

# 目　次

# 第1章
# 大学生は18禁映像をどれくらい見ているか
## ——2要因配置のAR法——

もちろん筆者は見たことがないけれども，世の中には18禁映像というものがあるらしい。筆者が若い時代には，「11PM」というお色気TV番組があった。あくまでも友人から聞いた話であるが，両親が2階の寝室で寝静まったころ，足を忍ばせて1階の居間に降り，明かりを点けずに音量を最小にして見る番組だった。物音がすると慌ててチャンネルをNHKに変える等，いろいろと昔は苦労も多かった。対して，今はスマホで18禁映像が見放題である。見ようと思えば検索していくらでも視聴できる。ネット時代の大学生はいったいどれくらいの頻度で18禁映像を視聴しているのだろうか。

## 1.1　AR法とは

アンケート調査では，質問に対して回答者が常に真実を回答してくれるとは限らない。「あなたはポルノ映像を1か月に平均何日くらい視聴しますか？」などと聞かれても，そうそう正直に回答できるものではない。「これまで何人の異性とsexしましたか」「危険ドラッグを使用したことがありますか」「入学後，定期試験でこれまで何回カンニングしましたか」「買春または売春をしたことがありますか」「教授からセクハラまたはパワハラを受けたことがありますか」等の質問も，集団の心理・社会・教育学的特徴を調べるためには調査する必要が生じる場合もある。しかしたとえ無記名調査であっても，本当のことは回答し辛いし，回答そのものを拒否することも多いだろう。

正直な回答がためらわれる内容について調査する場合に，できるだけ実態に近い調査結果を得るために有用な方法の1つとして間接質問法（indirect questioning; Chaudhuri & Christofides, 2013）[1]がある。間接質問法とは，質問する方法を工夫し，調査者が回答結果を見ても各回答者の真の状態はわからないように配慮する方法である。間接質問法には，ランダム回答法・アイテムリスト法など

1）Chaudhuri, A. & Christofides, T. C. (2013). *Indirect questioning in sample surveys.* Berlin: Springer.
豊田秀樹（編著）(2015). 紙を使わないアンケート調査入門　東京図書　第4章にも解説がある。

様々なバリエーションがあるけれども，本稿では Aggregated Response 法（AR 法と略記，Warner, 1971）[2] に着目する。AR 法は，調査で本当に知りたい事柄が，年収や頻度，人数など，数値として回答される場合に利用される間接質問法である。本稿では以下の質問を扱う。

1. 10円か100円コインを1枚取り出し，1回投げてください。表か裏かを確認してください。ちなみに算用数字で10または100と大きく表示されているほうが「裏」です。
2. あなたはポルノ映像（アダルトビデオなどいわゆる18禁に属する映像）を1か月に平均何日くらい視聴しますか。媒体（ビデオ・DVD・インターネット等）は問いません。この日数を $x$ とします。
3. あなたの誕生月を思い浮かべてください。この数字を $m$ とします。
4. 最初に投げたコインが表だった人は，$x+m$ を，裏だった人は $x-m$ を計算し，結果を回答欄にご記入ください（例：コインが表だった人は，「1か月に平均10日くらいポルノ映像を見ているな」と思って，誕生月が11だった場合，10+11で21と回答する）。

この質問に12と回答されていた場合には，ポルノ映像を1か月に平均24日視聴している可能性も，0日の可能性もある。（属性質問で誕生月を聞かない）無記名の調査票には知られたくない $x$ の実態が残らない。このため AR 法の原理を理解している回答者は，質問票の指示に従い易くなる。

知りたい変数 $x$ そのものは観察されないけれども，$x$ の平均値は推定可能である。調査票で観察される変数 $y$ の期待値は，50% の確率でマスク刺激 $m$ が加減されるので

$$
\begin{aligned}
E[y] &= 0.5\times E[x+m]+0.5\times E[x-m] \\
&\quad \text{［和と差の期待値は，期待値の和と差だから］} \\
&= 0.5\times E[x]+0.5\times E[m]+0.5\times E[x]-0.5\times E[m] \\
&\quad \text{［和と差を打ち消し，整理して］} \\
&= E[x] \qquad (1.1)
\end{aligned}
$$

のように知りたい変数 $x$（この場合はポルノ映像の1か月の平均視聴日数）の期待値に一致する。$y$ の平均値が，単純に $x$ の平均値の推定量となるということで

2）Warner, S. L. (1971). The linear randomized response model. *Journal of the American Statistical Association*, **66**, 884–888.

ある。期待値が存在するどのような分布でも（1.1）式が成立するから，この推定法は簡単なだけでなく応用範囲が広いという長所を有する。

ただし分布を仮定しないことは良いことばかりではない。$x$ の分位点に関する（$x = 2$ の女子学生は少ないほうから 1/4 の位置にいる等の）考察や予測区間に関する（$4 < x < 20$ の間に 80% の恋人のいない男性が含まれる等の）考察ができないからである。本稿ではこの欠点の克服を試みる。

## 1.2 データの収集

調査は授業の一環として行われた。グーグルフォームによる実査[3)]に先立ち，「心理学概論」という授業（受講者 200 名以上）の「心理統計学」という単元で以下の内容を筆者が講義した。

1. 個人情報と統計情報の相違について。アンケート調査は統計情報を調べることを目的としており，個人情報は最優先で守られなくてはいけないこと。善良なアンケート企画者は個人情報に興味を示さないこと。
2. 調査は web 上で，無記名で行うので個人情報は守られること。さらに研究責任者として，筆者は個人の特定を絶対しないことを，この場で誓うこと。文書による誓約があれば，それが破られた場合に法的に訴えることが可能であること。
3. 誰も見ていない場所でコイントスすれば，回答者のプライバシーが守られること。また安全性を知的に理解し，調査票の指示に安心して従ってもらえるように AR 法の原理について数式を用いて解説した。
4. 指示を守ることにより，報告される調査結果が信用できる内容になること。したがって回答するなら必ず指示を守ること。以上を理解してなお，アンケートに回答したくない学生は回答しなくてよいこと。
5. 回答したか否かに係わらず，全員に調査結果をメイルと授業で報告すること。回答者が指示を守らないと調査結果は信用できないものとなってしまうこと。回答者が多ければ結果が安定すること。

---

3）調査時期：2015 年 5 月 28 日〜6 月 10 日，有効回答：122 名（男性 43 名，女性 79 名），属性質問：性別・恋人の有無。本調査は「心理学演習 11D（卒論）」の中で企画され，当該質問を作成したのは楓班である。データの教育的利用を許可してくれた楓班のメンバーに感謝する。また楓班員を以後ゼミ生と呼ぶ。

## 1.3 結果1と課題

表1.1に「性別」と「恋人」の有無によるクロス表を示す。女性が多く，恋人のいない回答者が多い。アンバランスデータ[4)]である。図1.1左図にヒストグラムを示し，図1.1右図に「性別」×「恋人」のボックスプロットを示す。

表1.2に平均値を示した。男性の平均値が高いこと，恋人の有無はほとんど影響していないこと，（女性の回答者が多いので）全体の平均が女性の平均に近づいていること等が観察される。この結果は利用可能だろうか。

実をいうと，本稿で扱うデータにAR法の標準的な推定量（1.1）式を使用することは望ましくない。観察される変数$y$が足された結果なのか，引かれた結果なのかが対等でない[5)]からである。

表1.1　人数

| | いる | いない | 全体 |
|---|---|---|---|
| 男性 | 10 | 33 | 43 |
| 女性 | 25 | 54 | 79 |
| 全体 | 35 | 87 | 122 |

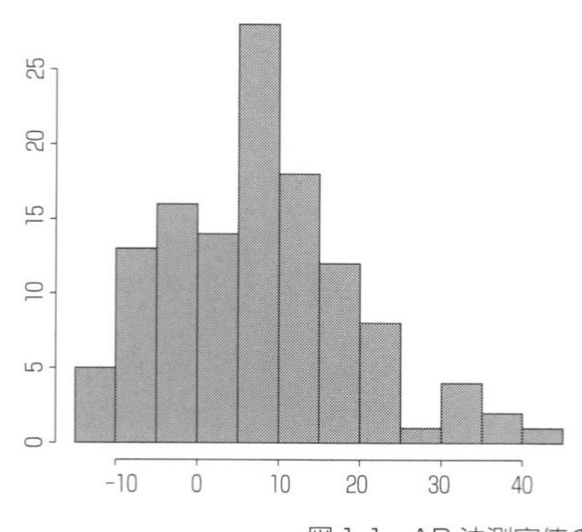


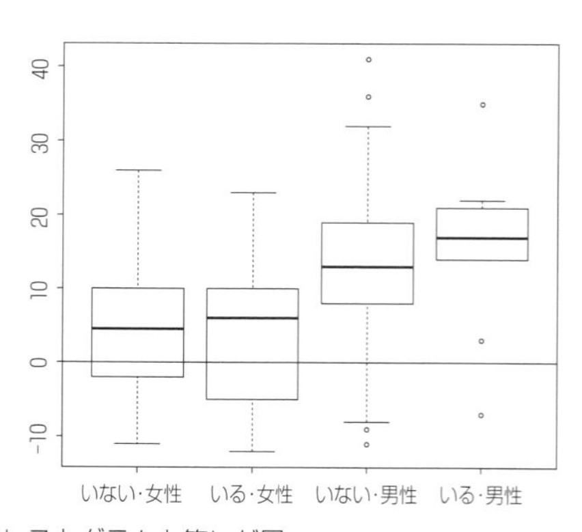


図1.1　AR法測定値のヒストグラムと箱ヒゲ図

4）「性別」×「恋人」によって示される4つの状態の個々をセルという。回答者人数がセル間で等しくないデータをアンバランスデータ（unbalanced data）という。

5）たとえば年収が相当に高いことが予めわかっている集団に対して，コイントスによって誕生月×10万円を加減する場合には，負の値が生じないので（1.1）式による推定は妥当である。

表1.2 平均値

| 全体 | 女性 | 男性 | いない | いる | 女性・いない | 女性・いる | 男性・いない | 男性・いる |
|---|---|---|---|---|---|---|---|---|
| 7.9 | 4.6 | 14.1 | 7.9 | 7.9 | 4.4 | 4.8 | 13.6 | 15.6 |

たとえば図1.1左図には負の値が観察される。これらの測定値は引かれた結果であり，足された結果ではない。あるいは $y=3$ である場合には，引かれた結果か，1または2が足された結果でしかない。加減が対等であることを仮定した(1.1)式による推定は妥当ではない。そこで次節ではその解決を行う。

## 1.4 モデル

AR法の過程における足すか引くかを決める確率変数を

$$u=\begin{cases}1 & y=x+m\\0 & y=x-m\end{cases} \tag{1.2}$$

とする。マスクを

$$\boldsymbol{m}=(m_1\cdots,\ m_j\cdots,\ m_J) \tag{1.3}$$

のように $J$ 個の要素とする。たとえばマスクが携帯電話の下1桁ならば，$J=10$ であり，$\boldsymbol{m}=(0\ 1\ 2\ 3\ 4\ 5\ 6\ 7\ 8\ 9)$ となる。マスクが誕生月なら $J=12$ であり，$\boldsymbol{m}=(1\ 2\ 3\ 4\ 5\ 6\ 7\ 8\ 9\ 10\ 11\ 12)$ となる。

ただしマスクは

$$\boldsymbol{m}'=(-1\times\boldsymbol{m}_j,\ \boldsymbol{m}_j) \tag{1.4}$$
$$=(-m_J\cdots,\ -m_j\cdots,\ -m_1,\ m_1\cdots,\ m_j\cdots,\ m_J)$$
$$=(m'_1\cdots,\ m'_k\cdots,\ m'_K),\quad (K=2J) \tag{1.5}$$

と表記し直せば，

$$y=x+m'_k \tag{1.6}$$

のように1つの式で表現できる。加減の場合分けをしなくて済ませる表記の工夫である。

たとえばマスクが携帯電話の下1桁ならば $\boldsymbol{m}'=(-9\ -8\cdots\ -1\ 0\ 0\ 1\cdots\ 8\ 9)$ となる。この場合の0のように $\boldsymbol{m}'$ には同じ要素が含まれていてもかまわない。

マスクが誕生月ならば $\boldsymbol{m}' = (-12\ -11 \cdots -2\ -1\ 1\ 2 \cdots 11\ 12)$ となる。この場合の0のように途中にヌケがあっても，等差でなくてもかまわない。

目的とする $x$ の確率分布は

$$f(x\,|\,\boldsymbol{\theta}) = \begin{cases} \text{Poisson}(x\,|\,\lambda) \\ \text{Normal}(x\,|\,\mu, \sigma) \\ \cdots \end{cases} \tag{1.7}$$

のように，ポアソン分布や正規分布やその他，研究対象の性質に合わせて選べる。

たとえば「性行為の経験人数」は負の値にはならないし，大学生対象の調査ならば平均値はそれほど大きくはならないだろうから，ポアソン分布が適当かもしれない。あるいは切断正規分布が適当かもしれない。

「カンニング回数」の場合はどうだろう。これも負の値にはならない。しかし(教員をしている筆者としては遺憾であるが）平均値が大きくて負の場合を無視できて正規分布で良いのかもしれない。外れ値が予想されるなら $t$ 分布や切断 $t$ 分布が適切かもしれない。このように $x$ の確率分布は，状況に合わせて自由に選ぶことができる。

### 1.4.1 混合分布

本稿では正規分布を仮定する。$\mu$ を平均，$\sigma_e$ 標準偏差とすると観測変数 $y$ は次のような混合分布

$$f(y\,|\,\mu, \sigma_e) = \sum_{k \subset A} p(m'_k) f(x\,|\,\mu, \sigma_e) \tag{1.8}$$

$$= \sum_{k \subset A} p(m'_k) f(y - m'_k\,|\,\mu, \sigma_e) \tag{1.9}$$

に従う。ここで $f(\ \,|\mu, \sigma_e)$ は正規分布の密度関数であり，$A$ はキー項目の分布の特性から考えて可能であったマスクの集合である。たとえばキー項目がポアソン分布に従い，マスクが携帯電話の下1桁の場合で，$y=3$ だったときは，$A = \{-9\ -8\ \cdots\ -1\ 0\ 0\ 1\ 2\ 3\}$ となる。この場合はマスクが4以上であると，$x < 0$ となってしまうから論理的にありえない。理論的に可能な分布だけ混合する。

式中の $p(m'_k)$ はマスクの出現確率である。携帯電話の下1桁や，誕生月の出現確率である。公的資料で調べることが出来れば，それを使用したほうが良いが，ここでは等確率とする。したがって，観測変数 $y$ の分布は

$$f(y\,|\,\mu,\,\sigma_e)=\sum_{k\subset A}\frac{1}{N(k\subset A)}f(y-m'_k\,|\,\mu,\,\sigma_e) \tag{1.10}$$

と導かれる。ただし $N(\ \ )$ は集合の要素数を返す関数であり，$y=3$ のときは

$$\frac{1}{N(k\subset A)}=\frac{1}{N(\{-9\ \ -8\ \cdots\ -1\ \ 0\ \ 0\ \ 1\ \ 2\ \ 3\})}=\frac{1}{13} \tag{1.11}$$

による混合分布となる。

### 1.4.2 2 要因配置

調査票には「性別」と「恋人」の有無という属性質問があるので，$x$ の平均を 2 要因配置の実験計画モデルによって

$$\mu_{jj'}=\mu+a_j+b_{j'}+(ab)_{jj'},\ (j=1,2,\ j'=1,2) \tag{1.12}$$

のように表現する。ここで $\mu$ は全平均である。$a_j$ は要因 A「性別」の水準の効果であり，$j=1$ は「女性」，$j=2$ は「男性」とする。$b_{j'}$ は要因 B「恋人」の水準の効果であり，$j'=1$ は「いない」，$j'=2$ は「いる」とする。$(ab)_{jj'}$ は要因 A と要因 B の交互作用項である。各母数には，実験計画法に基づき

$$a_1=-a_2,\ \ b_1=-b_2,\ \ (ab)_{11}=-(ab)_{12}=-(ab)_{21}=(ab)_{22} \tag{1.13}$$

という制約が入る。(1.12) 式右辺の各項には，実質的に 1 つずつの母数しかない。以上の考察から母数ベクトルは

$$\boldsymbol{\theta}=(\mu',\,a_2,\,b_2,\,(ab)_{22},\,\sigma_e) \tag{1.14}$$

と表記できる。

2 要因の調査を企画したゼミ生は，企画段階で男性は 10 日以上，女性は 5 日から 10 日程度は視聴しているのではないかと予想していた。恋人の有無に関しては「性欲が強い人はフェロモンが多く，フェロモンが多いために異性を魅了しやすく，恋人を作りやすい。恋人がいると性欲が高まり視聴が増える」などの仮説を有していた。筆者は「性別」の主効果が圧倒的に存在し，女子学生の平均値は 0 日から 2 日であると予想した。また「恋人」に関しては「いない」ほうが平均値が高いと（ゼミ生とは逆の）予想をした。

### 1.4.3　事後分布

$n$ 人の回答者の観測データを

$$\boldsymbol{y} = (y_1, \cdots, y_i, \cdots, y_n) \tag{1.15}$$

と表記すると，(1.10) 式，(1.12) 式，(1.14) 式を用いて，尤度は

$$f(\boldsymbol{y}|\boldsymbol{\theta}) = \prod_{i=1}^{n} f(y_i|\boldsymbol{\theta}) = \prod_{i=1}^{n} f(y_i|\mu, a_2, b_2, (ab)_{11}, \sigma_e) = \prod_{i=1}^{n} f(y_i|\mu, \sigma_e) \tag{1.16}$$

と導かれる。ベイズの定理により事後分布は

$$f(\boldsymbol{\theta}|\boldsymbol{y}) \propto f(\boldsymbol{y}|\boldsymbol{\theta}) f(\boldsymbol{\theta}) \tag{1.17}$$

である。ただし本稿では十分に範囲の広い一様分布を利用するので

$$f(\boldsymbol{\theta}|\boldsymbol{y}) \propto f(\boldsymbol{y}|\boldsymbol{\theta}) \tag{1.18}$$

となる。

事後分布はソフトウェア Stan を用い，ハミルトニアンモンテカルロ法によって近似した。長さ 51000 のチェインを 20 発生させ，バーンイン期間を 1000 とし，得られた 100 万個の乱数を利用した。各母数の$\widehat{R}$は，すべて 1.1 以下であったので，事後分布へ収束していると判断した。

## 1.5　結果2と考察

母数の事後分布の要約統計量を表 1.3 に示す。5つの母数はすべて小数第1位まで EAP，MAP，MED が一致しているので，ここからは EAP を中心に結果の解釈を進める。「性別・男性」の水準の効果$a_2$は 3.85 (0.93) [2.03, 5.67][6)]

表 1.3　AR 法 2 要因計画モデルの母数の事後分布の要約統計量

| | EAP | MAP | post.sd | 0.025 | MED | 0.975 |
|---|---|---|---|---|---|---|
| $\mu$ | 10.81 | 10.80 | 0.94 | 9.01 | 10.80 | 12.69 |
| $a_2$ | 3.85 | 3.80 | 0.93 | 2.03 | 3.84 | 5.67 |
| $b_2$ | 0.16 | 0.12 | 0.93 | -1.64 | 0.15 | 2.00 |
| $(ab)_{11}$ | 0.25 | 0.26 | 0.93 | -1.55 | 0.25 | 2.08 |
| $\sigma_e$ | 6.15 | 6.09 | 0.55 | 5.16 | 6.12 | 7.32 |

6) EAP (post. sd) [95% 両側確信区間] とする。

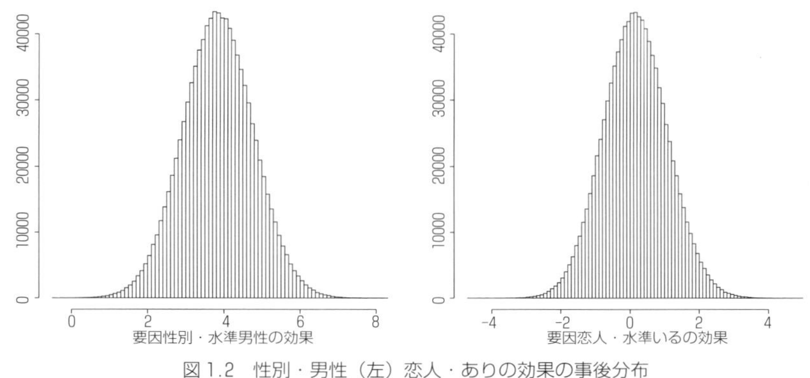

図 1.2　性別・男性（左）恋人・ありの効果の事後分布

である。図 1.2 左図にそのヒストグラムを示した。明らかに 0 以上である。

「男性のほうが女性より平均鑑賞日数が多い」$p(a_2 > 0)$ という**研究仮説が正しい確率**（probability that research hypothesis is correct，以下 PHC と略記）は有効数字 3 ケタで 100% である。しかし「男性の方が女性より 18 禁映像を頻繁に見る」という要因 A の主効果に関する結論は，あまりに自明である。

そこで「男性のほうが女性より月平均鑑賞日数が $c$ 日多い」$p(a_2-a_1 > c)$ という PHC の曲線を図 1.3 に示す。曲線の形状から，90% 程の確信で「男性のほうが女性より月平均鑑賞日数が 5 日以上多い」と結論できる。

次に女性の月平均鑑賞日数の結果を分析しよう。これは生成量 $\mu' + a_1$ の事後分布を求めることで目的を達し，6.96（0.96）[5.13, 8.89]となった。点推定値は約 7 日である。更に「女性の月平均鑑賞日数は $c$ 日より多い」という PHC の曲線を図 1.4 に示す。曲線の形状から，95% 程の確信で「女性の月平均鑑賞日数は 5 日より多い」と結論できる。事前の筆者の予想は全く外れた。同世代とはいえ，ゼミ生たちの慧眼に敬意を表する。男性に関する同様の分析は割愛する。

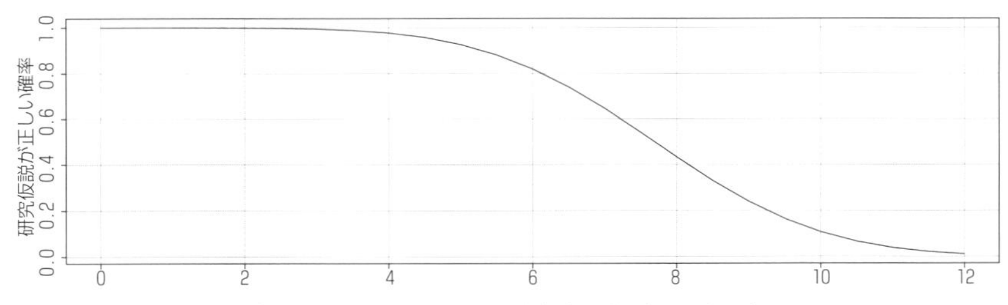

図 1.3 「男性のほうが女性より平均鑑賞日数が $c$ 日多い」の PHC

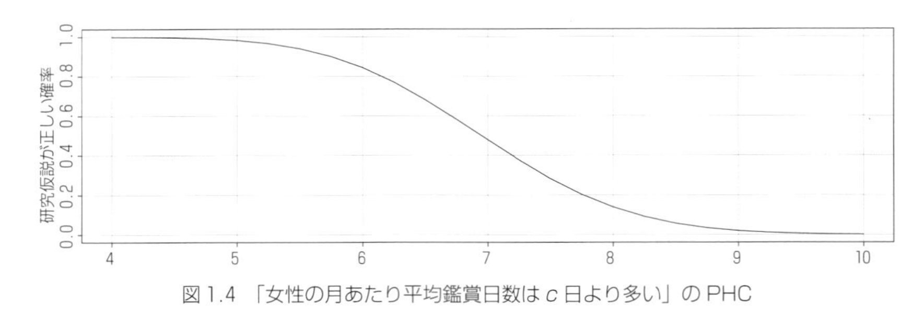

図1.4 「女性の月あたり平均鑑賞日数は $c$ 日より多い」のPHC

要因B「恋人」はどうだろうか。$b_2$ 0.16（0.93）[−1.64, 2.00]であり，点推定値は0.16日である。視聴頻度としてはほとんど意味がない。また図1.2右図のヒストグラムは中央部分に0を含んでいる。交互作用AB$(ab)_{11}$は0.25（0.93）[−1.55, 2.08]である。点推定値は1/4日であり，事後分布の中央部分に0を含んでいる。

生成量として分散説明率を求め。その事後分布の数値要約を表1.4に示す。点推定値は「性別」が27%，「恋人」が2%，交互作用が2%であった。交互作用の点推定値が1/4日であったことと合わせて評価するなら，ゼミ生の予想も筆者の予想も要因B「恋人」に関しては外れてしまった。

セルの特徴を考察するためには，(1.12) 式を生成量とみなして事後分布を求めればよい。セル平均の事後分布の要約統計量を表1.5に示した。性別の違いによる差異が目立つ。

表1.5の4つの生成量のあいだに差がある確率を表1.6に示した。性別内の「恋人」の有無の間には明確な差があるとはいえない。

表1.4　要因計画モデルの分散説明率の事後分布の要約統計量

| | EAP | post.sd | 0.025 | MED | 0.975 |
|---|---|---|---|---|---|
| 要因A | 0.27 | 0.10 | 0.09 | 0.27 | 0.46 |
| 要因B | 0.02 | 0.02 | 0.00 | 0.01 | 0.07 |
| 交互作用AB | 0.02 | 0.02 | 0.00 | 0.01 | 0.07 |

表1.5　要因計画モデルのセル平均の事後分布の要約統計量

| | EAP | post.sd | 0.025 | MED | 0.975 |
|---|---|---|---|---|---|
| 女性・いない | 7.06 | 1.09 | 4.96 | 7.04 | 9.24 |
| 女性・いる | 6.87 | 1.55 | 3.89 | 6.85 | 9.99 |
| 男性・いない | 14.25 | 1.47 | 11.37 | 14.25 | 17.14 |
| 男性・いる | 15.07 | 2.84 | 9.63 | 15.03 | 20.74 |

表 1.6　$i$ 行のセル平均が $j$ 列のセル平均より大きい確率

| | 女性・いない | 女性・いる | 男性・いない | 男性・いる |
|---|---|---|---|---|
| 女性・いない | 0.000 | 0.542 | 0.000 | 0.004 |
| 女性・いる | 0.458 | 0.000 | 0.000 | 0.005 |
| 男性・いない | 1.000 | 1.000 | 0.000 | 0.402 |
| 男性・いる | 0.996 | 0.995 | 0.598 | 0.000 |

## 1.6　後日談

調査結果は「心理学概論」の授業で約束通りに筆者によって報告された。学生たちは通常の講義よりも相当に熱心に耳を傾けていた。

授業のおわりに感想の書ける出席カードを提出してもらった。一番多い感想は「この調査結果は信じていいのですか？」という質問であった。疑義を呈しているというよりは，むしろ純粋に質問している書き方の感想が多かった。しかしその質問に対する正解を一番知りたいのは，「女子学生の平均視聴日数は 0 日から 2 日」という予想が完全に外れた筆者自身である。

まず pc の中で予め「正しい視聴時間 $x$」の分布を発生させ，コインを振り，誕生月 $m$ を定め，AR 法でマスクして $y$ を生成する。次に，pc が作ったデータ $y$ を分析して $x$ の分布を推定する。そして予め発生しておいた $x$ の分布を再現できているか否かを確認する。このような計算機シミュレーションは実査の前に十分にやっており，再現できることを確認している。それを済ませた上での実査であり，理論通りに事が運べば正しい結果が得られる。

ただし実査の結果が信用できるか否かは別問題である。多くの学生が AR 法の指示に従ってくれていれば正しい結果が得られるし，従ってくれていなければ正しい結果は得られるはずもない。結局どっちだったかは誰にもわからないし，残念ながら確認するすべもない。AR 法に限らない多くの間接質問法の限界である。

しかし**少なくともこの実査からの知見は信じてよいのではないだろうか**。学生達にとって，所属集団の「18 禁映像の視聴日数の分布」は，とても関心の高い，知りたい事柄である。知りたいという極めて強い動機を持っているからこそ，多くの学生が「この調査結果は信じていいのですか？」と出席カードに書いたのだ。また AR 法の原理を知っている学生達は，自分が調査票の指示に正確に従えば，自分が所属する集団の「18 禁映像の視聴日数の分布」を正確に知ることができ，しかも自分の個人情報が守られることも知っている。

正しい調査結果を知りたいという強い動機，知的な理解と安心感，この3つを有した学生達は，きっとAR法の規則を守って実査に臨んだはずである。

## 1.7 付録

AR法のモデル記述部のstanコードは以下である。

```
model{                                    //モデル記述部
  real        t[n];                       //各データの平均
  real         j;                         //可能性のある mask の数1
  int         jj;                         //可能性のある mask の数2
  real         pr;                        //可能性のある mask の数の逆数
  vector [m] lp;
  for(i in 1:n){
    t[i]= mu + muA[A[i]]+ muB[B[i]]+ muAB[A[i],B[i]];
    j = 0.0;
    for(k in 1:m) if (0 <= x[i]-mask[k]){ j = j + 1.0;}
    pr = 1.0/j;
    jj = 0;
    for(k in 1:m){                        //k はマスク
      if (0 <= x[i]-mask[k]) {            //可能性のある mask 取り出し
        jj = jj + 1;
        lp[jj] = log(pr)+ normal_lpdf( x[i]-mask[k] | t[i], sigma_e);
      }
    }
    target += log_sum_exp( lp[1:jj] );
  }
}
```

# 第2章

# 血液型と性格には関連がある？
## ――ベイズ的アプローチによる再分析――

巷の噂によれば，血液型によって性格がわかるらしい。もし本当にそうなのであれば，われわれは効率よく生活を送ることができるだろう。恋愛は相性のよい血液型同士ですればいいし，職場環境も血液型の相性を考慮すればよい。名刺には血液型を書き，自己紹介でも血液型をまず言えばお互いの性格がわかってよいだろう。しかし，血液型によって性格はわかるのだろうか？

近年，Tsuchimine, Saruwatari, Kaneda, & Yasui-Furukori（2015）[1)]によって，血液型と性格の間に統計学的に有意な関連を示した知見が報告された。これは，「血液型によって性格がわかる」ことを表しているのだろうか。有意性検定による分析では，この判断を下すことはできない。サンプルサイズを大きくすればどんなに些細な差でも有意になるし，$p$ 値の小ささはその効果の大きさに対応したものではないからだ（豊田，2018）[2)]。それでは，血液型による性格の差は実質的に意味のある差なのだろうか。本章の目的は Tsuchimine et al.（2015）のデータに対してベイズ的分析を行い，その血液型による性格の差が実質的に意味のある差なのかどうかを明らかにすることである。

## 2.1 調査データ

Tsuchimine et al.（2015）のオープンデータを用いた。調査対象者は日本の大学に所属する医学部生・医療スタッフ 1572 名であり，データに欠損のない 1427 名（男性 849 名，女性 578 名）が分析対象とされた。性格の測定には日本語版 Temperament and Character Inventory（TCI；木島ら, 1996）[3)]が用いられた。TCI は新奇性追求，損害回避，報酬依存，持続，自己志向，協調，自己超越の 7

1）Tsuchimine, S., Saruwatari, J., Kaneda, A., & Yasui-Furukori, N. (2015). ABO blood type and personality traits in healthy Japanese subjects. *PloS one*, **10**, e0126983.

2）豊田秀樹（2018）．p 値を使って学術論文を書くのは止めよう　心理学評論, **60**(4), 379-390.

3）木島伸彦・斎藤令衣・鈴木美香・吉野相英・大野裕・加藤元一郎・北村俊則（1996）．Cloninger の気質と性格の 7 因子モデルおよび日本語版 Temperament and Character Inventory（TCI）　精神科診断学, **7**, 379-399.

尺度，全240項目で構成される尺度である。対象者は各項目に2件法（はい：1点，いいえ：0点）で回答をした。各血液型の人数は，A型は537名，B型は331名，O型は433名，AB型は126名であった。

## 2.2　有意性検定の結果

各尺度の項目数および記述統計量を表2.1に示した。また，血液型別の平均値，標準偏差を表2.2に示した。

表2.1　記述統計量

| | 項目数 | 平均 | 標準偏差 | 最小値 | 最大値 |
|---|---|---|---|---|---|
| 新奇性追求 | 40 | 21.94 | 5.15 | 5 | 38 |
| 損害回避 | 35 | 18.82 | 6.25 | 0 | 34 |
| 報酬依存 | 32 | 14.98 | 3.18 | 3 | 22 |
| 持続 | 8 | 4.42 | 1.85 | 0 | 8 |
| 自己志向 | 44 | 28.12 | 6.57 | 3 | 42 |
| 協調 | 42 | 28.10 | 5.37 | 7 | 44 |
| 自己超越 | 33 | 9.42 | 4.76 | 0 | 29 |

表2.2　血液型別の性格得点

| | A | B | O | AB |
|---|---|---|---|---|
| | *M* (*SD*) | *M* (*SD*) | *M* (*SD*) | *M* (*SD*) |
| 新奇性追求 | 21.88(5.22) | 22.05(5.33) | 22.09(5.11) | 21.39(4.44) |
| 損害回避 | 18.57(6.37) | 18.68(6.32) | 18.94(6.12) | 19.85(5.92) |
| 報酬依存 | 15.14(3.20) | 14.72(3.31) | 15.03(3.08) | 14.86(3.04) |
| 持続 | 4.59(1.87) | 4.26(1.84) | 4.33(1.80) | 4.44(1.91) |
| 自己志向 | 28.04(6.53) | 28.12(6.76) | 28.22(6.39) | 28.12(6.92) |
| 協調 | 28.18(5.49) | 27.82(5.57) | 28.41(5.05) | 27.47(5.30) |
| 自己超越 | 9.34(4.88) | 9.49(4.82) | 9.45(4.44) | 9.52(5.15) |

Tsuchimine et al.（2015）は血液型別の性格得点のデータに対して，性別と年齢を共変量とした多変量共分散分析（MANCOVA）を行った。その結果，持続において$F$値が有意な値を示し（$F = 2.952, p < .05$），多重比較の結果，B型やO型よりもA型の方が有意に持続の平均値が高いことが示された（$ps < .05$）。

持続はいわゆる「忍耐強さ」や「一生懸命さ」を表した概念であり，企業の就職試験等で重要視される概念であろう。しかし，有意性検定ではサンプルサイズが大きくなるにつれて，些細な差もいずれは必ず有意になるため，この結果をもって，たとえば就職試験で「B型やO型よりもA型の方が持続の得点が高いから書類選考ではA型だけを残そう」といった判断を下すのは早計である。今回の分析で示された有意性検定による結果は，「有意だが実質的には意味のない差」かもしれない。そこで次節からこのデータに対しベイズ的アプローチによる再分析を試み，このような血液型の差が実質的に意味のある差なのかどうかを検討する。なお，参考までに持続の項目内容を表2.3に提示する。

表2.3 持続の項目内容（木島ら，1996）

| |
|---|
| 今よりもっと出来るだろうが，別にそれほど一所懸命やる必要はないと思う* |
| 決心はいつも堅いので，他人がとっくに諦めた後でも辛抱強く続ける |
| たいていの人よりも努力するほうだ |
| 物事を出来る限り立派にやりたいので，たいてい他人よりもせっせとやっている |
| 自分でやったことの結果に満足しており，別にこれ以上立派にやりたいとは思っていない* |
| 自分が思ったよりも多くの時間がかかりすぎるなら，仕事を放り出してしまうことが多い* |
| たいていの人に比べて完全主義者だ |
| くたびれ果てるまで止めないか，自分の能力以上に物事をしようとすることが多い |

注）*は逆転項目を表す。

## 2.3 事後分布

持続の得点のモデル式として，以下のように正規分布を仮定した。

$$y_{ji} \sim N(\mu_j, \sigma e) \tag{2.1}$$

$j$は水準のラベル，$i$は測定値の番号を表す。たとえば$y_{A2}$はA型の2番目の測定値を表す。ここで，測定値と母平均を以下のように表記する。

$$\boldsymbol{y} = (\boldsymbol{y}_{A}, \boldsymbol{y}_{B}, \boldsymbol{y}_{O}, \boldsymbol{y}_{AB}) \tag{2.2}$$

$$\boldsymbol{y}_{A} = (y_{A1}, \cdots, y_{A537}) \tag{2.3}$$

$$\boldsymbol{y}_{B} = (y_{B1}, \cdots, y_{B331}) \tag{2.4}$$

$$\boldsymbol{y}_{O} = (y_{O1}, \cdots, y_{O433}) \tag{2.5}$$

$$\boldsymbol{y}_{AB} = (y_{AB1}, \cdots, y_{AB126}) \tag{2.6}$$

$$\boldsymbol{\mu} = (\mu_{A}, \mu_{B}, \mu_{O}, \mu_{AB}) \tag{2.7}$$

水準内の各測定値は独立であると仮定する。そのため，各水準の確率密度は以下の式のように表される。

$$f(\boldsymbol{y}_{\mathrm{A}}|\mu_{\mathrm{A}}, \sigma_e) = f(y_{\mathrm{A}1}|\mu_{\mathrm{A}}, \sigma_e)\times\ldots\times f(y_{\mathrm{A}537}|\mu_{\mathrm{A}}, \sigma_e) \tag{2.8}$$

$$f(\boldsymbol{y}_{\mathrm{B}}|\mu_{\mathrm{B}}, \sigma_e) = f(y_{\mathrm{B}1}|\mu_{\mathrm{B}}, \sigma_e)\times\ldots\times f(y_{\mathrm{B}331}|\mu_{\mathrm{B}}, \sigma_e) \tag{2.9}$$

$$f(\boldsymbol{y}_{\mathrm{O}}|\mu_{\mathrm{O}}, \sigma_e) = f(y_{\mathrm{O}1}|\mu_{\mathrm{O}}, \sigma_e)\times\ldots\times f(y_{\mathrm{O}433}|\mu_{\mathrm{O}}, \sigma_e) \tag{2.10}$$

$$f(\boldsymbol{y}_{\mathrm{AB}}|\mu_{\mathrm{AB}}, \sigma_e) = f(y_{\mathrm{AB}1}|\mu_{\mathrm{AB}}, \sigma_e)\times\ldots\times f(y_{\mathrm{AB}126}|\mu_{\mathrm{AB}}, \sigma_e) \tag{2.11}$$

各水準間の測定値が独立であるとする。すると，尤度は（2.1）式から，以下のように導出される。

$$f(\boldsymbol{y}|\boldsymbol{\theta}) = f(\boldsymbol{y}_{\mathrm{A}}|\mu_{\mathrm{A}}, \sigma_e)\times f(\boldsymbol{y}_{\mathrm{B}}|\mu_{\mathrm{B}}, \sigma_e)\times f(\boldsymbol{y}_{\mathrm{O}}|\mu_{\mathrm{O}}, \sigma_e)\times f(\boldsymbol{y}_{\mathrm{AB}}|\mu_{\mathrm{AB}}, \sigma_e) \tag{2.12}$$

また，事前分布には，十分広い範囲を確保するために以下のように一様分布を仮定した。

$$\mu_j \sim U(0, 100),\ \sigma_e \sim U(0, 100) \tag{2.13}$$

事前分布として一様分布を採用しているため，事後分布のカーネルは以下のように導出することができる。

$$f(\boldsymbol{\theta}|\boldsymbol{y}) \propto f(\boldsymbol{y}|\boldsymbol{\theta}) \tag{2.14}$$

長さ21000のチェインを5つ発生させ，バーンイン期間を1000とし，HMC法によって得られた100000個の乱数で事後分布・予測分布を近似した。母数・生成量のすべてに関して有効標本数は80501個以上あり，$\hat{R} > 1.1$であり，事後分布・予測分布からの乱数の近似と考えられる。

## 2.4　ベイズ分析の結果

まず，血液型によって，持続の得点の分散がどれほど説明されるかを確認するために，生成量として分散説明率$\eta^2$を導出し，評価する。分散説明率$\eta^2$は以下の式で導出される。

$$\eta^2 = \frac{\sigma_a^2}{\sigma_y^2} = \frac{\sigma_a^2}{\sigma_a^2 + \sigma_e^2} \tag{2.15}$$

ここで，$a$は水準の平均からの偏差を表したものであり，以下の式で表される。

$$a_j = \mu_j - \mu \tag{2.16}$$

要因と誤差が独立であると仮定すると，測定値の分散は以下の式のように要因の分散と誤差の分散の和として表すことができる。

$$\sigma_y^2 = \sigma_a^2 + \sigma_e^2 \tag{2.17}$$

したがって，分散説明率 $\eta^2$ は血液型が持続の得点をどれだけ説明しているのかを示す指標として解釈することができる。全平均，要因の効果の標準偏差，分散説明率 $\eta^2$ の推定値を表 2.4 に示した。

この結果から，血液型が持続の得点を 0.7% しか説明していないことが示された。これは，「血液型によって性格がわかる」という文章から想定される値に比べて遥かに低い値であるように思われる。

次に，多重比較の有意性検定で有意差が示された A 型と B 型・O 型の平均値差の検討を行う。まず，持続の平均値の点推定値（EAP），事後標準偏差，各パーセント値における推定値を表 2.5 に示した。

A 型の点推定値は 4.589 であり，95% 確信区間は［4.433, 4.744］であった。A 型の確信区間は B 型や O 型の確信区間と多少の重複はあるものの，その重なりは小さいものであった。ただし，B 型の点推定値は 4.263，O 型の点推定値は 4.333 であり，A 型の得点との実質的な差はさらなる詳細な検討を要する。そこで，持続の平均値の点推定値について，例として，A 型と O 型，A 型と AB 型を比較するために，効果量 $\delta$，非重複度 $U_3$，優越率 $\pi_d$ を導出し，評価する。

表 2.4　全平均，要因の効果の標準偏差，説明率の推定値

| | EAP | post.sd | 2.5% | 97.5% |
|---|---|---|---|---|
| $\mu$ | 4.405 | 0.057 | 4.294 | 4.516 |
| $\sigma_a$ | 0.151 | 0.045 | 0.067 | 0.242 |
| $\eta^2$ | 0.007 | 0.004 | 0.001 | 0.017 |

表 2.5　持続得点の血液型ごとの $\mu_j$ の推定値

| | EAP | post.sd | 2.5% | 97.5% |
|---|---|---|---|---|
| A | 4.589 | 0.079 | 4.433 | 4.744 |
| B | 4.263 | 0.101 | 4.064 | 4.461 |
| O | 4.333 | 0.089 | 4.158 | 4.507 |
| AB | 4.436 | 0.164 | 4.115 | 4.757 |

効果量 $\delta$ は平均値差を標準偏差で割った統計量であり，(2.18) 式で導出される。効果量 $\delta$ の値は 10 倍すれば偏差値のように平均値差を解釈することができる。

$$\delta = \frac{\mu_1 - \mu_2}{\sigma} \tag{2.18}$$

非重複度は，第 1 群の平均値 $\mu_1$ が第 2 群の分布において何 % 点に位置づけられるのかを表したものであり，(2.19) 式で導出される。$\mu_1$ が第 2 群において 50% (0.5) 点に位置づけられるのであれば，完全に重複しているとみなされる。

$$U_3 = F(\mu_1 | \mu_2, \sigma) \tag{2.19}$$

優越率 $\pi_d$ は第 1 群からランダムに選ばれた測定値が，第 2 群からランダムに選ばれた測定値より大きい確率を表した統計量であり，(2.20) 式で導出される。

$$\pi_d = p(0 < x_1^* - x_2^*) \tag{2.20}$$

平均値差，および，これらの統計量に関する生成量を算出した結果を，A 型と O 型については表 2.6 に，A 型と AB 型については表 2.7 に示した。

この結果から，効果量の推定値は A－O 間で 0.139 (0.065) [0.012, 0.266]，A－AB 間で 0.056 (0.101) [−0.142, 0.254] であり，A 型の方が O 型よりも持続の得点が偏差値換算で 1.39 ほど高く，A 型の方が AB 型よりも 0.56 ほど高いことが示された。偏差値が 1 や 2 だけ違うことがどれだけ些細な差なのかは，

表 2.6　A 型と O 型の平均値差に関する推定値

| | EAP | post.sd | 2.5% | 97.5% |
|---|---|---|---|---|
| $\mu_A - \mu_O$ | 0.256 | 0.119 | 0.022 | 0.490 |
| 効果量 $\delta$ | 0.139 | 0.065 | 0.012 | 0.266 |
| 非重複度 $U^3$ | 0.555 | 0.026 | 0.505 | 0.605 |
| 優越率 $\pi_d$ | 0.539 | 0.018 | 0.503 | 0.574 |

表 2.7　A 型と AB 型の平均値差に関する推定値

| | EAP | post.sd | 2.5% | 97.5% |
|---|---|---|---|---|
| $\mu_A - \mu_{AB}$ | 0.103 | 0.187 | -0.262 | 0.469 |
| 効果量 $\delta$ | 0.056 | 0.101 | -0.142 | 0.254 |
| 非重複度 $U^3$ | 0.522 | 0.040 | 0.444 | 0.600 |
| 優越率 $\pi_d$ | 0.516 | 0.028 | 0.460 | 0.571 |

学力テストにおける偏差値を想像していただければ理解されることだろう。

非重複度の推定値はA－O間で0.555（0.026）[0.505, 0.605]，A－AB間で0.522（0.040）[0.444, 0.600]であり，A型の持続の平均値が，O型においては55.5%あたりに，AB型においては52.2%あたりに位置することが示された。この結果から，たとえば就職試験でA型だけを採用する会社とO型だけを採用する会社があるとして，その両社を比較すると，A型だけを採用した会社の方が，O型だけを採用した会社よりも全体の5.5%分だけ数多くの持続が高い人が集まることになる。5.5%分という数の少なさに加えて，前述の効果量ほどの差しかないため，全体の持続得点の大きさはほとんど変わらないだろう。

優越率の点推定値はA－O間で0.539（0.018）[0.503, 0.574]，A－AB間で0.516（0.028）[0.460, 0.571]であり，ランダムにA型の人とO型の人を選んで比較すると53.9%の確率でA型の方が高いことが示され，ランダムにA型の人とAB型の人を選んで比較すると51.6%の確率でA型の方が高いことが示された。この結果から，仮にある人が「忍耐強い・一生懸命な人」が好きで，A型とO型のどちらの異性と付き合うかで迷った時，A型を選んでももう一方より持続が高い可能性は54%の確率である。しかも，その方が高いとしても些細な違いであることは効果量からわかる。これならむしろ血液型は考慮に入れない方が認知的にも倹約的だ。

## 2.5　結語

有意かそうでないかという明瞭な2値判断ができるという点は有意性検定にとって大きなメリットである。しかし，そこで判断されることと，研究者や分析者が明らかにしたいこととの間には深くて大きな溝がある。とりわけ「血液型と性格に関連があるか」というようなテーマの場合には，そこで想定される関連は実際場面で役に立つほどの大きさが求められる。

本章では，血液型と性格との間に有意な関連を示したTsuchimine et al.（2015）のデータを用いて血液型による性格の差が実質的に意味のある差なのかどうかを検討した。本章の結果を総合して，少なくとも筆者には，今回の血液型による性格の差はたとえば就職試験の採用判断や異性関係・人間関係を左右させるほど大きなものとは思えなかった。血液型によって性格がわかるかどうかを知りたい時に，血液型と性格の有意な関連を示す知見を引き合いに出す際には，その差が実質的に意味のある差なのかどうかを見極めることが重要である。

## 2.6 付録

本章で用いたスクリプトの主要部分を以下に示す。

```
data {
  int<lower = 0> n;                                     //データ数
  int<lower = 0> a;                                     //A 水準数
  vector[n]      y;                                     //特性値
  int<lower = 0> A[n];                                  //A 水準
  real mL;real mH;real sL;real sH;                      //事前分布
}
parameters {
  vector<lower = mL,upper = mH>[a] muA;                 //A 平均
  real<lower = sL,upper = sH>   sigmaE;                 //誤差 SD
}
model {
  for(i in 1:n){y[i]~normal(muA[A[i]],sigmaE);}         //正規分布
}
```

# 第3章
# 阪神ファン－巨人ファンの2大勢力構造は本当か？
## ―― Non-Zero 過剰分布と多次元展開法を用いた感情温度の分析 ――

1985年。筆者が4歳のころ，阪神タイガースがペナントレースおよび日本シリーズで優勝した。そのときの阪神タイガースの強さといえば，小学生になる前の筆者は母親から「9時過ぎたら寝ーや。あんたが寝たらバース[1]がホームラン打つで」[2]と言われ，布団に入ろうとしたら本当にバースがホームランを打ち，寝ている場合ではなくなるほどであった。

プロ野球球団に対して，ファンが持つ認知的評価や好悪感情を，心理学では，球団への**社会的態度**と呼ぶ。社会的態度とは，ある社会的な対象に対して持つ，好意あるいは非好意的な認知・感情・行動意図を含む概念である。わかりやすく一言で説明するならば，「阪神タイガースが好き」というように，対象が好きか嫌いか，ということを指す。

プロ野球のセントラルリーグ（以下，セ・リーグ）では，歴史的に関西では阪神タイガース（以下，阪神）が，関東では読売ジャイアンツ（以下，巨人）が人気である。阪神－巨人戦のことを「伝統の一戦」と呼ぶことからもわかるように，両球団のファンも互いに強いライバル意識を持っている（ことになっている）。しかし，そのようなファンが持つ社会的態度の構造は，スポーツ新聞などの言説では繰り返し主張されているが，経験的に正しいものなのだろうか。

本章では，プロ野球ファンが持つ球団に対する社会的態度の構造を，ベイズ統計モデリングによって分析し，可視化することを目指す。

## 3.1 本章で扱うデータとモデル

本章で扱うデータは，三浦・稲増・草川（2016）[3]で収集された，セ・リーグ6球団に対する社会的態度についてのデータである。このデータは，その年に1回でも球場で応援したことがある557名を対象とした調査によって得られた[4]。

---

1）当時の阪神タイガースの4番バッターである。

2）読者の察しのとおり，筆者は大阪出身であり，阪神ファンである。なお，筆者のこだわりから以後，阪神－巨人の順で表記することをご容赦願いたい。

3）三浦麻子・稲増一憲・草川舞子（2016）．阪神ファンと広島ファン―熱狂するファンの社会心理学　水野誠・三浦麻子・稲水宣行（編著）プロ野球「熱狂」の経営科学　東京大学出版会　pp. 111-131.

よって，一般の回答者に比べて，比較的プロ野球に関心が高い回答者からデータが集められていると考えられる。以下の分析に用いたのは，この中から欠損がある回答者をリストワイズ削除した527名のデータである[5)]。

### 3.1.1　感情温度

この調査では，セ・リーグ6球団に対する回答者の**感情温度**が測定されている。感情温度とは，政治科学などの分野の社会調査で用いられる態度の測定方法の1つで，対象に対する社会的態度を物理的な温度にたとえて，0度から100度の範囲で答えてもらう手法である。たとえば，次のような教示文を提示する。

> 各球団に対する好感度を教えてください。もし好意も反感も持たないときには50度としてください。好意的な気持ちがあれば，その強さに応じて50度から100度の間の数字を答えてください。反感を感じていれば，その強さに応じて0度から50度の間の数字を答えてください。

心理学や社会学ではリッカート法やSD法といった，5段階や7段階の反応ラベルに回答を求める手法がよく用いられるが，政治科学などの分野では，政党や政治家に対する社会的態度の測定に，この感情温度が用いられることが多い。感情温度はリッカート法と同様，最低点と最高点が定められている一方，その間については連続値が仮定されている点に違いがある。似た手法としては，実験心理学で用いられることが多いVisual Analogue Scaleなどがある。

1項目で測定されたリッカート尺度の場合は，間隔データとみなさず，順序カテゴリカルデータとみなしてモデリングすることが多い。一方で，感情温度の測定は連続値で行われるため，主に正規分布を仮定したモデリングが行われる。しかし，図3.1のヒストグラムを見ればわかるように，感情温度の特徴は，0点，50点，100点の3つに対する反応が極端に多い点にある。

データの生成メカニズムを確率モデルによって表現したい場合，上記のような特徴を持つ感情温度に対して，正規分布を使ってモデリングすることは妥当ではないだろう。こういうとき，調査回答者がどういう意思決定プロセスに基づいて

4）回答者はFastaskに登録しているアンケートモニタからサンプリングされた。回答者はやや都会に偏りがあるが，おおよそ人口比に対応している。

5）本章で紹介するモデルは欠損値を含んでいても推定は可能であるが，紙面の都合から，その点については割愛している。

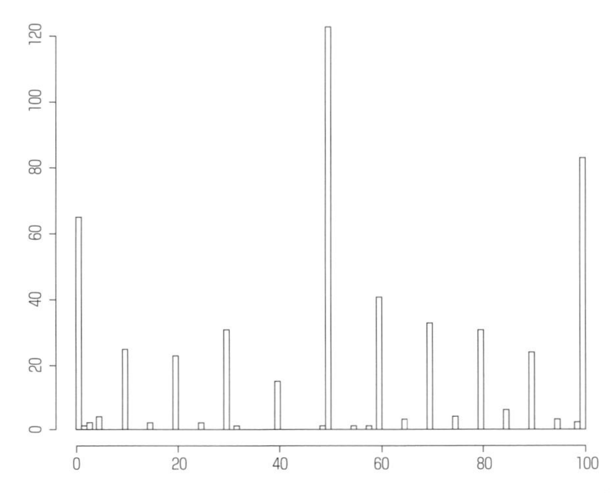


図 3.1　阪神タイガースに対する感情温度のヒストグラム（1 点刻み）

このような回答を行ったかを考えることで，適切なモデルの構築が可能になる。感情温度についての適切な測定モデルを考えるのが，本章におけるチャレンジの1つである。

### 3.1.2　多次元展開法

先述のように本章のねらいは，上記の感情温度についてのデータを用いて，セ・リーグにおける阪神ファン−巨人ファンの2大勢力構造を可視化することである。その目的のためには，どういうモデリングが有効だろうか。

感情温度で測定されている社会的態度は，古くから心理測定学や社会心理学で様々な統計手法で分析されてきた。因子分析，多次元尺度法，項目反応理論などがそれである。しかし，本章ではこれまであまり使われることが少なかった統計手法を紹介しようと思う。本章で用いるのは**多次元展開法**（Multi-dimensional unfolding）[6] と呼ばれる方法である。

多次元展開法では，データは回答者と対象（本章では球団がそれに該当する）の距離（あるいは親近性）が測定されていると考える。そして，好きな対象ほど近くに，好きでない対象ほど遠くにあると仮定して（図 3.2），回答者と対象を同じ多次元空間に布置する方法である。距離を用いて対象を空間に布置するとい

6）Coombs, C. H.（1950）. Psychological scaling without a unit of measurement. *Psychological Review*, **57**, 145-158.

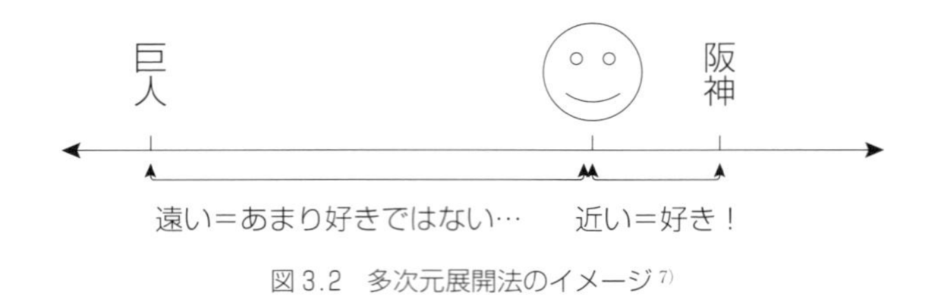


図3.2　多次元展開法のイメージ[7)]

う意味では多次元尺度法と似ている。しかし，多次元尺度法が対象同士の距離データを用いるのに対し，多次元展開法は回答者と対象の距離を用いる点が異なっている。また，多次元尺度法はあくまで布置するのは対象のみであり，回答者の個人差を考慮する手法でも，対象の座標点に個人差を反映させる。一方で，多次元展開法は，回答者と対象を同じ空間に布置するため，回答者についても，対象と同様に，また同じ空間の座標点が得られる点も異なっている。

多次元展開法を用いることで，プロ野球球団についての人々の共通したイメージ，たとえば阪神と巨人は離れている，阪神と広島は近い，といった社会的態度の対象の関係を表現しつつ，また各球団を好む人の分布の様子も同時に可視化できる。それにより，阪神ファン－巨人ファンという2大勢力の構造が本当に存在するのかを確認することができるのである。

## 3.2　確率モデル

プロ野球球団への社会的態度の構造を可視化するために，本章では各球団への感情温度について，多次元展開法を用いて回答者と球団の同時布置を行う。

### 3.2.1　感情温度の測定モデル

まずは感情温度についてのデータ生成メカニズムを確率モデルで表現しよう。図3.1のヒストグラムのように，感情温度は0点と100点が強制的に最小・最大の点となっているため，その2つの反応数が多くなっている。これは，本当はもっと感情温度が低い（あるいは高い）が，測定の都合上0点（あるいは100点）しか評定できなかった，という行動メカニズムを想定できる。

---

7）この図は，あくまで筆者が回答者である場合の布置イメージであり，世間一般のものを表してはいない。

また，50点は好意的でも非好意的でもない，という中立的な感情温度を意味してはいるが，回答者からすれば「その球団をよく知らない」あるいは「関心がない」という場合でも50点を選んでいる可能性がある。よって，感情温度とは別の影響（知識や関心のなさなど）が測定に反映されていると想定する。

このような反応の特徴から，本章では感情温度が以下で説明するような，**50過剰打ち切り正規分布**から生成されたと考える。

**●打ち切り正規分布**　まず，打ち切り正規分布は，本来は正規分布に従ってデータが生成されるはずが，測定装置や尺度の回答方法の制約によって，最低点より小さい，あるいは最高点より大きい値のデータ生成が打ち切られてしまい，それらが最小点あるいは最高点として記録された場合に用いられる。打ち切り正規分布では，最低点（最高点）のデータが生成される確率を，正規分布を仮定した場合にその得点以下（以上）のデータが生成される確率から計算する。

具体的には，個人$i$，球団$j$に対する感情温度$Y_{ij}$が，最低点$L$点未満で得られる確率は，平均$\mu$，標準偏差$\sigma$の正規累積分布関数（Normal cumulative distribution function; NormalCDF）を用いて，

$$P(Y_{ij}<L \mid \mu_{ij}, \sigma_j) = NormalCDF(L \mid \mu_{ij}, \sigma_j) \tag{3.1}$$

と表すことができる。なお，正規累積分布関数は正規分布の密度関数を積分したもの，すなわち，

$$NormalCDF(L \mid \mu, \sigma) = \int_{-\infty}^{L} Normal(x \mid \mu, \sigma)dx \tag{3.2}$$

である。

累積分布関数を用いる意味は，以下のとおりである。本来は$L$点未満の得点は正規分布に従って生成されるはずだが，それらは実際にはすべて$L$点として生成されている。よって，最低点である$L$点と反応する確率は，打ち切られた$L$点未満および，$L$点そのものの得点が生成される確率（確率密度を積分したもの）によって表現される，ということである。今回の例でいえば，図3.3の灰色部分の面積が0点以下の得点が生成される確率を意味している。

打ち切り正規分布を用いることで，図3.1のヒストグラムのように0点が正規分布で想定される確率に比べて非常に多い度数が観測されていても，そのデータ

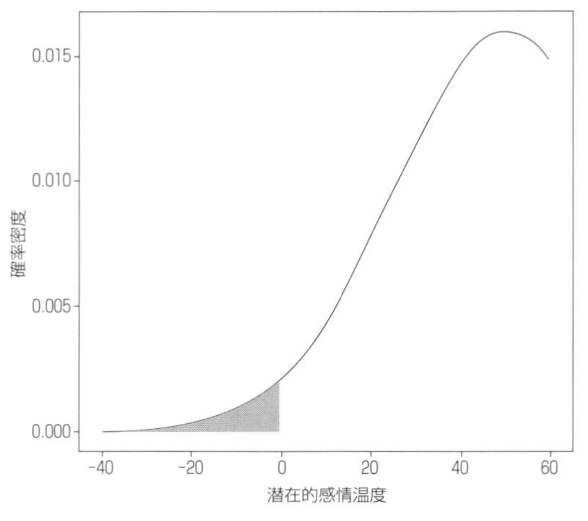


図 3.3　打ち切り正規分布のイメージ[8)]

生成の確率を適切に表現できるようになるのである。

また同様に，最高点 $U$ 点より大きいデータが得られる確率は，正規相補累積分布関数（Normal complementary cumulative distribution function; Normal-CCDF）で表され，

$$P(Y_{ij} > U \mid \mu_{ij}, \sigma_j) = NormalCCDF(U \mid \mu_{ij}, \sigma_j) \tag{3.3}$$

となる。また先程と同様に，正規相補累積分布関数は正規分布の密度関数の積分したもの，すなわち，

$$NormalCCDF(U \mid \mu, \sigma) = \int_U^\infty Normal(x \mid \mu, \sigma)dx \tag{3.4}$$

である。

● **50 過剰正規分布**　　次に「○○過剰分布」とは，想定した確率分布よりも特定の値が異常に高い確率で見られる場合に用いられる[9)]。ここでは 50 点への反応が正規分布で想定するよりも明らかに多い。そのとき，先述のように 50 点に反応する人には 2 種類のパターンがあると想定する。まず考えられるのが，感情

8）灰色部分に該当する人は全員 0 点に反応すると仮定されている。
9）ゼロ過剰ポアソン分布（Zero-inflated Poisson distribution）が有名である。

温度が中程度である場合に正規分布に従って50と反応するパターン，次に，感情温度とは無関係に，その球団のことをよく知らず何の感情も持たないため，好きでも嫌いでもないという意味で50と答えるというパターン，の2つである。上記のような反応は，まず球団に対して感情を持つか否かが確率で表現され，感情温度を持たない場合には常に50点が，持つ場合は正規分布に従って感情温度が回答される，という確率モデルが想定できる。

上記の想定を確率モデルで表記すると，以下のように

$$P(Y_{ij}=50|\mu_{ij},\sigma_j)=\gamma_i+(1-\gamma_i)Normal(50|\mu_{ij},\sigma_j) \tag{3.5}$$

$$P(Y_{ij}\neq 50|\mu_{ij},\sigma)=(1-\gamma_i)Normal(Y_{ij}|\mu_{ij},\sigma_j) \tag{3.6}$$

となる。$\gamma_{\mathrm{i}}$はある個人がプロ野球球団に感情温度を持たない（無関心である）確率を表している。感情温度50を評定する確率は，感情温度を持たないが50と答える確率$\gamma_i$と，感情温度を持ち，かつ，正規分布で50と評定する確率の和で表される。一方，感情温度が50でない場合は，感情温度を持ち，かつ，正規分布に従う確率で表現されるので，確率$\mathbf{1}-\boldsymbol{\gamma}_i$と正規分布の密度関数の積で計算される。なお，ここで$\gamma_i$が個人のプロ野球球団への無関心の程度を表すことを想定して，添え字に$i$をつけているが，別の想定もありえる[10)]。

**50過剰打ち切り正規分布のモデル**　これらをまとめて，50過剰打ち切り正規分布は，データ$Y_{ij}$の値に応じて条件分けされる。つまり，データが50，最小値0，最大値100，それら以外の場合ごとに

$$P(Y_{ij}|\mu_{ij},\sigma_j)=\begin{cases}\gamma_i+(1-\gamma_i)Normal(50|\mu_{ij},\sigma_j) & if\ \ Y_{ij}=50\\(1-\gamma_i)NormalCDF(0|\mu_{ij},\sigma_j) & if\ \ Y_{ij}=0\\(1-\gamma_i)NormalCCDF(100|\mu_{ij},\sigma_j) & if\ \ Y_{ij}=100\\(1-\gamma_i)Normal(Y_{ij}|\mu_{ij},\sigma_j) & otherwise\end{cases} \tag{3.7}$$

と表記することができる。

### 3.2.2　多次元展開法

多次元展開法は記述モデルと確率モデルの2種類が提案されているが，本書は

10）たとえば，無関心の程度は球団によって変わり，個人差はないという想定もありえる。

ベイズ統計モデリングの紹介が趣旨であるため，多次元展開法の確率モデルを紹介する[11]。

まず，回答者と対象の親近性（感情温度）が50過剰打ち切り正規分布に従うと仮定する。そして，平均パラメータ $\mu_{ij}$ が，次のような線形結合のモデル，

$$\mu_{ij} = \alpha - \beta\ d_{ij}(\theta_i, \delta_j) \tag{3.8}$$

で表記できるとする[12]。ここで，$\alpha$ と $\beta$ はスカラーであり，また符号に制約をあたえるため，$\beta > 0$ とする。$\theta_i$ は回答者 $i$ の $K$ 次元空間での座標点，$\delta_j$ は球団 $j$ の座標点であり，$K$ 次元のベクトルである。また，$d_{ij}(\ )$ は回答者と球団の座標点のユークリッド距離を表す関数で，

$$d_{ij}(\theta_i, \delta_j) = \sqrt{\sum_{k=1}^{K}(\theta_{ik} - \delta_{jk})^2} \tag{3.9}$$

と定義する。本章の分析では，2次元空間を仮定して $K=2$ とした。

多次元展開法の変量効果モデルでは，$\theta_i$ や $\delta_j$ に，$K$ 次元の多変量正規分布を事前分布として仮定することもある。しかし，球団の社会的態度空間において，回答者の座標点が多変量正規分布に従うとするのは非常に強い仮定といえる。なぜなら，阪神ファンと巨人ファンという2大勢力構造を検証しようという目的からいえば，単峰の分布は整合しないからである。よって，本章では $\theta_i$ と $\delta_j$ には，それぞれの次元kについて0を中心とした一様分布を仮定した。すなわち，

$$\theta_{ik}, \delta_{jk}\ \sim Uniform(-\mathrm{R}, \mathrm{R}) \tag{3.10}$$

である。なお，多次元展開法の確率モデルにおいて，$\theta_i$ の尺度に制限を与えないと収束しないため，今回は標準得点が収まるであろう範囲として $\mathrm{R}=3$ とした。

また他のパラメータの事前分布は，範囲の広い一様分布を利用した。

## 3.3　分析結果

上記のモデルに従ってMCMCによるベイズ推定を行った。パラメータの推定にはStanを用いた。4つのマルコフ連鎖を発生させ，各6000回のサンプリング

11）足立浩平（2000）．計量多次元展開法の変量モデル　行動計量学, **27**, 12-23.

12）今回はデータが親近性，つまり回答者と対象の距離が大きいほど得点が高くなる性質のため，$\beta$ の符号は負となっている。

を行った。バーンイン期間は1000回であった[13]。分析の結果，すべてのパラメータの $\widehat{R}$ は1.01を下回ったため，事後分布に収束したと判断した。

### 3.3.1 推定結果

パラメータの事後分布の要約統計量を表3.1に記した。ただし，$\gamma$ と $\theta$ は回答者の数だけ推定されているので割愛した。球団の座標点を表す $\delta$ の推定結果を見ると，サンプルサイズが500人を超えるデータにもかかわらず，標準偏差が大きいことがわかる。このことから，多次元展開法の座標点の推定結果はかなり大きなサンプルでないと安定しない可能性が示唆される。

表3.1 各パラメータの事後分布の要約統計量[14]

| | EAP | post.sd | 0.025 | MED | 0.975 |
|---|---|---|---|---|---|
| $\alpha$ | 0.97 | 0.02 | 0.93 | 0.97 | 1.01 |
| $\beta$ | 0.19 | 0.01 | 0.17 | 0.18 | 0.20 |
| $\delta_{G1}$ | 2.76 | 0.17 | 2.35 | 2.79 | 2.99 |
| $\delta_{G2}$ | -0.09 | 0.36 | -0.84 | -0.08 | 0.60 |
| $\delta_{T1}$ | -1.11 | 0.27 | -1.64 | -1.11 | -0.58 |
| $\delta_{T2}$ | -0.40 | 0.23 | -0.88 | -0.40 | 0.04 |
| $\delta_{C1}$ | -0.27 | 0.19 | -0.64 | -0.27 | 0.11 |
| $\delta_{C2}$ | -1.89 | 0.23 | -2.33 | -1.89 | -1.42 |
| $\delta_{D1}$ | -0.65 | 0.22 | -1.10 | -0.65 | -0.21 |
| $\delta_{D2}$ | -2.51 | 0.26 | -2.94 | -2.53 | -1.97 |
| $\delta_{De1}$ | 0.39 | 0.21 | -0.03 | 0.39 | 0.78 |
| $\delta_{De2}$ | -2.52 | 0.22 | -2.90 | -2.53 | -2.06 |
| $\delta_{S1}$ | 0.23 | 0.18 | -0.12 | 0.23 | 0.58 |
| $\delta_{S2}$ | -2.41 | 0.23 | -2.81 | -2.42 | -1.94 |
| $\sigma_{G}$ | 0.49 | 0.03 | 0.43 | 0.49 | 0.55 |
| $\sigma_{T}$ | 0.41 | 0.02 | 0.38 | 0.41 | 0.46 |
| $\sigma_{C}$ | 0.25 | 0.01 | 0.23 | 0.25 | 0.27 |
| $\sigma_{D}$ | 0.25 | 0.01 | 0.22 | 0.25 | 0.27 |
| $\sigma_{De}$ | 0.15 | 0.01 | 0.13 | 0.15 | 0.18 |
| $\sigma_{S}$ | 0.17 | 0.01 | 0.15 | 0.17 | 0.19 |

13) MCMCでサンプリングする際に，Stanの自動変分推論による推定結果を初期値として与えた。それは多次元展開法が座標点の符号についての不定性を持つため，初期値を揃えておかないと多峰な事後分布が得られるためである。

14) $\delta$ と $\sigma$ の添字はそれぞれ，G = 巨人，T = 阪神，C = 広島，D = 中日，De = DeNA，S = ヤクルトである。

### 3.3.2　等高線を利用したプロ野球球団への社会的態度の可視化

推定した球団の座標点$\delta$を2次元空間に布置し，それに加えて回答者の座標点$\theta$のカーネル密度推定の結果を等高線として表したものが図3.4である。

各球団の布置について見てみると，阪神と巨人は次元1（横軸）上で大きく離れており，次元2（縦軸）においてはこの2つの球団は同じ座標点にあり，他の球団と離れていることがわかる。ヤクルトとDeNAは特に近く位置され，ともに東京がホームである両球団が類似した存在として認識されている可能性が見てとれる。また阪神と同様に，巨人と距離があるのは中日であり，中部地方のファンも巨人を敵対視している可能性がある。最後に，広島は相対的には，中立的な立場にあるのかもしれない。

続いて回答者のカーネル密度関数に目を向けると，言説通り，阪神ファンと巨人ファンという2大勢力の存在が浮き彫りになった。密度関数の等高線は若干ながら巨人のほうが高くなっており，巨人ファンのほうがやや勢力が強いことがうかがえる。一方で，中日の近く，そしてヤクルトとDeNAの近くにも山があり，全体としては4つの勢力があるように見える。また，どの球団とも距離をとっている左上の山も気になる存在である。プロ野球そのものに関心がない，あるいは

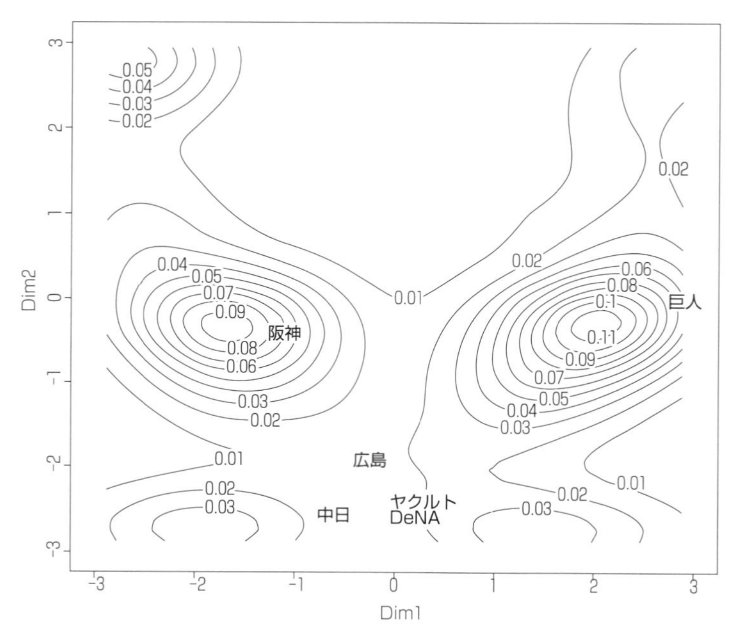


図3.4　セ・リーグのプロ野球球団に対する社会的態度の構造

嫌っている一定の集団の存在が示唆される。

## 3.4 まとめ

多次元展開法とカーネル密度推定を用いた等高線の図示によって，人々が共有する，プロ野球球団に対する社会的態度の構造が明らかとなった。一般的な言説通り，阪神ファン－巨人ファンという2大勢力の存在が確認された。また，それ以外にも他の球団の相対的な位置や，どの球団に対しても好意を示さない回答者の集団の存在など，興味深い知見が得られた。

本章における分析結果は，一般的な言説と違わない，という意味では驚きが少ない結果ではある。しかし逆に言えば，多次元展開法は，プロ野球球団のような人々に共有された対象についての社会的態度の構造を可視化するための，有用な方法であることが確かめられたとも言えるだろう。

また，本章では感情温度のデータに対して，50過剰打ち切り正規分布という確率モデルを提案した。調査や実験データが，たった1つのきれいな確率分布で表現できることは実は稀である。回答者や参加者がなぜこのような回答・反応をしたのかを想像し，それに対して既知の確率分布を組み合わせることで豊かなデータ生成メカニズムを表現できるのは，ベイズ統計モデリングの持つ大きな長所である。「思っていた分布と違う！」というときこそ，ベイズ統計モデリングの出番であるということを伝えて本章を閉じたいと思う。

## 3.5 付録

今回用いたStanコードの主要部分は以下である。確率ではなく対数確率が計算されている点に注意すれば，(3.7) 式，(3.8) 式と同じであることがわかる[15]。

15) 推定を安定させるため，Stanに入力した感情温度は100で割ったもの（0~1となるようにスケーリングしたもの）を用いている。それに合わせて，Stanのコードも0.5，0，1の場合ごとにモデルを記述している。

```
model{
  matrix[N,P] mu;
  for(n in 1:N){
    for(p in 1:P){
      mu[n,p] = alpha - beta*dot_self(theta[n]-delta[p])^0.5;
    }
  }
  for(n in 1:N){
    for(p in 1:P){
      if(Y[n,p]== 0.5){
        target += log_sum_exp(gamma[n],
                              (1-gamma[n])+ normal_lpdf(0.5|mu[n,p],sigma[p]));
      }else if(Y[n,p]== 0){
        target += (1-gamma[n])+ normal_lcdf(0|mu[n,p],sigma[p]);
      }else if(Y[n,p]== 1){
        target += (1-gamma[n])+ normal_lccdf(1|mu[n,p],sigma[p]);
      }else{
        target += (1-gamma[n])+ normal_lpdf(Y[n,p]|mu[n,p],sigma[p]);
      }
    }
  }
}
```

# 第4章
# ことばの背後にある意図を探る傾向の個人差
## ――2項分布を用いた間接的要求の解釈率のモデリング――

これから福岡に出張に行くAさんとそれを見送るBさんの会話
Bさん：明太子おいしいよね
Aさん：明太子高いよ
Bさん：お金は出すから

この会話は，筆者の友人（この会話のAさん）から教えてもらった会話である。AさんとBさんは何を話しているのだろうか。

Bさんは「明太子おいしいよね」と言うことで，福岡の名産である明太子を買ってくるよう頼んでいるらしい。その意図に気づいたAさんは「明太子高いよ」と言うことで，明太子は値段が高いので買って帰らないと要求を断っているらしい。さらにその断りの意図に気づいたBさんは「お金は出すから」と言って，再度，明太子を買ってくるよう頼んでいるらしい。

筆者にこの会話を教えてくれた際，Aさんは「Bさんに明太子を買ってくるように頼まれた」と述べていたが，会話では「明太子を買ってきて」とは一度も発話されていない。それにもかかわらず，二人は互いの意図を理解しあっているようにみえる。

ことばを用いたコミュニケーションでは，伝達される情報が発話に含まれないことがある。本章では，このような，発話に表現されていない隠された意味を解釈する傾向について考える。

## 4.1 問題の背景

### 4.1.1 間接的発話行為

間接的発話行為（indirect speech acts）とは，発話のことば通りの意味と話し手が伝えたい意味とが異なる発話行為である（Searle, 1975）[1]。たとえば，「この部屋暑いね」という発話は，ことば通りには，現時点で話し手にとってこの部屋が暑いということを意味しているが，話し手はこの発話によって「窓を開けて

1）Searle, J. R.（1975）. Indirect speech acts. In P. Cole & J. L. Morgan（Eds.）, *Syntax and semantics*. Vol. 3. *Speech acts*. New York: Academic Press. pp.59-82.

くれ」という要求の意味を伝えようと意図していることがある。間接的発話行為については「どのようにして聞き手は，発話のことば通りの意味には含まれていない話し手の意図を理解するのか」が問われてきた。そこでは，発話理解時にどのような認知処理を行っているかが焦点となり，話し手の意味を推論する過程の解明が目指されてきた（Grice, 1975[2]; Sperber & Wilson, 1995[3]）。

### 4.1.2　間接的発話の理解における個人差とその測定

上述の流れの研究は，発話理解時に生じる一般的な認知過程の解明を目指しており，間接的発話の理解における個人差にはあまり関心が向けられなかった。しかし現実には，間接的な発話の理解に困難を示す者，あるいは逆に，過剰に間接的な意味を読み取る者が存在しており，間接的発話の理解における個人差も重要な研究課題であろう。

間接的発話の理解における個人差を測定する尺度としては Holtgraves（1997）がある[4]。この尺度では，たとえば，「相手の言った内容から，その人の意図を明らかにしようとする」といった項目に対して「全くあてはまらない～非常にあてはまる」の評定を求める。つまり，発話の間接的な意味の理解といった能力に関する認識をたずねることで，間接的な発話の理解傾向を測定しようとしている。

しかしながら，能力についての自己認識はどの程度正確なのだろうか。個人的な体験を根拠にして恐縮だが，その正確性は疑わしく思える。筆者は，大学の講義で間接的発話行為について知った際に「そんなことがあるのか」と衝撃を受け，親や友人に遠回しなコミュニケーションについての体験を聞いてみた。様々な事例をとおしてわかったことは，筆者は間接的な意味の理解があまりできていないということであった。ここで重要なのは，当時の筆者には「自分が間接的な発話の理解が苦手である」という認識はまったくなかったということであり，そのような状態では，能力の自己認識をたずねることによってその人の能力を測定するということは難しいと考えられる。

そこで本章では発話行為を要求に限定したうえで，具体的な発話場面を呈示し，

---

2）Grice, H. P.（1975）. Logic and conversation. In P. Cole & J. L. Morgan（Eds.）, *Syntax and semantics*. Vol. 3. *Speech acts*. New York: Academic Press. pp. 41-58.

3）Sperber, D., & Wilson, D.（1995）. *Relevance: Communication and cognition*. 2nd ed. Oxford: Blackwell.

4）Holtgraves, T.（1997）. Style of language use: Individual and cultural variability in conversational indirectness. *Journal of Personality and Social Psychology*, **73**, 624-637.

その発話を要求として解釈することが妥当だと思うかどうかの判断をさせるという課題をとおして，個人の解釈傾向を測定することを考える。具体的な発話場面における判断においては自分の能力についての認識は不要であるし，日常的に間接的な要求の意味を解釈しがちな人は，呈示された発話にたいする要求の解釈を妥当であると判断しやすいであろう。

## 4.2　2 項分布

ある具体的な会話の場面を呈示し，その発話を要求として解釈することが妥当かどうかの判断をさせるという課題において得られるデータは，その発話を要求として解釈することが正しいと判断するか，間違っていると判断するかのどちらかである。ここでは，正しいと判断することを $x=1$，間違っていると判断することを $x=0$ とする。

ここで，要求としての解釈が妥当であると判断する確率を $\theta$ とすると，要求としての解釈が妥当であると判断する事象の生起確率は，$p\ (x=1|\theta)=\theta$ と表すことができ，要求としての解釈が妥当ではないと判断する事象の生起確率は，$p\ (x=0|\theta)=1-\theta$ と表すことができる。今回の課題のような，結果が 2 値で，確率が一定である試行をベルヌーイ試行という。より身近な例でいえば，（歪んでないコインを用いた）コイントスは確率 0.5 のベルヌーイ試行である。

このベルヌーイ試行を $T$ 回行ったとき，$x=1$ の事象が生起する回数 $y$ は，2 項分布に従う。2 項分布の確率質量関数は，

$$Binomial(y\,|\,T,\theta)=\frac{T!}{y!(T-y)!}\theta^{y}(1-\theta)^{T-y} \tag{4.1}$$

である。2 項分布を用いれば，具体的な発話に対して，要求としての解釈が妥当であると判断した数をデータとし，要求としての解釈が妥当であると判断する確率 $\theta$ を推定することができる。

## 4.3　調査データ

Web 調査会社に依頼し，17〜59 歳のアンケートモニタ 400 名（男性 199 名，女性 201 名；平均年齢 41.5 歳）を対象に調査を実施した[5)]。間接的要求として

表4.1　調査で用いた刺激

| | |
|---|---|
| 場面と発話： | あなたは友人のAさんと2人で窓の閉まった部屋にいます。その時，Aさんが「この部屋暑いね」と言いました。 |
| 要求の解釈： | Aさんはあなたに，窓を開けるよう頼んでいる |
| 場面と発話： | あなたは友人のAさんと2人でいて，Aさんはいくつか荷物を運んでいます。その時，Aさんが「重いな」と言いました。 |
| 要求の解釈： | Aさんはあなたに，荷物を持つのを手伝うよう頼んでいる |
| 場面と発話： | あなたは友人のAさんと一緒に1つの大きな荷物を運んでいます。その時，Aさんはあなたに「ちょっと速いよ」と言いました。 |
| 要求の解釈： | Aさんはあなたに，もっとゆっくり荷物を運ぶよう頼んでいる |
| 場面と発話： | あなたは友人のAさんと2人でいて，Aさんは何か作業をしています。その時，Aさんが「この作業，大変だなぁ」と言いました。 |
| 要求の解釈： | Aさんはあなたに，作業を手伝うよう頼んでいる |
| 場面と発話： | あなたは友人のAさんとテレビを見ています。その時，Aさんが「ちょっと聞こえにくいな」と言いました。 |
| 要求の解釈： | Aさんはあなたに，テレビの音量を大きくするよう頼んでいる |
| 場面と発話： | あなたはとあるセミナーに出ています。その時，隣の席に座る友人のAさんが「消しゴムある？」と言いました。 |
| 要求の解釈： | Aさんはあなたに，消しゴムを貸すよう頼んでいる |
| 場面と発話： | あなたは友人のAさんと2人で食事にレストランにいきました。<br>食事後，Aさんが「あ，財布わすれちゃった」と言いました。 |
| 要求の解釈： | Aさんはあなたに，お金を貸すよう頼んでいる |

解釈可能な具体的な発話を7つ設定し，それぞれについて，要求としての解釈が妥当であるかどうかの判断を求めた。呈示した場面と発話および要求としての解釈を表4.1に示す。

呈示した場面の記述文には，話し手の意図についての情報は含まれていないため，話し手が何を伝えようとしてその発話をしたのかを決めることはできない。すなわち，この課題において正解・不正解は存在しないし，ここで要求の解釈が妥当であると判断する確率が高いことは，日常生活において「正しく」相手の意図を理解する能力が高いことを意味しているわけではない。周りの人が，単に事実を伝えようとして「この部屋暑いね」と発話していることが多いのであれば，相手が意図していない要求の意味を過剰に読み取っているかもしれない。今回のデータから推定される2項分布のパラメータ$\theta$は，あくまで，発話には表現されていない間接的な要求の意味を読み取りやすい傾向を反映していると考えるのが

5）この調査はJSPS科研費17K17912の助成を受けて行われた。

妥当であろう。以下では，この意味で「要求の解釈率」という用語を使用する。

## 4.4　解釈率が個人ごとに異なると仮定した2項分布による分析

### 4.4.1　モデルの仮定

データとして，ある人が7つの会話場面のうち，要求解釈を妥当だと判断した数の個数が400名分得られている。これらが2項分布に従うということを，

$$y_i \sim Binomial(T=7, \theta) \quad i=1, \cdots, 400 \tag{4.2}$$

と表記する。ここで注意すべきは，2項分布のパラメータ $\theta$ はただ1つであるため，このままでは400名全員が同じ要求の解釈率をもっていると仮定していることになる点である。

本章では，要求の解釈率に個人差があること，すなわち，人によって解釈率が異なることを前提としているため，この仮定はそぐわない。そこで，2項分布のパラメータ $\theta$ を個人ごとに用意し，人によって解釈率が異なるという想定を反映させる。つまり，

$$y_i \sim Binomial(T=7, \theta_i) \quad i=1, \cdots, 400 \tag{4.3}$$

とする。ただし，ある特定の個人の $\theta_i$ そのものが知りたいわけではない。知りたいのは，個人差の大きさがどの程度なのか，ということである。そこで，個人差 $r_i$ は平均 $\mu$，標準偏差 $\sigma$ の正規分布に従って発生すると考える。つまり，

$$r_i \sim Normal(\mu, \sigma) \quad i=1, \cdots, 400 \tag{4.4}$$

とする。ここで，正規分布に従って発生する値は $-\infty$～$\infty$の範囲をとるが，2項分布のパラメータ $\theta$ の範囲は，0～1の範囲である。そこで，ロジスティック関数を適用し，正規分布に従って発生する $r_i$ を0～1の範囲に変換し，$\theta_i$ を得る。つまり，

$$\theta_i = logistic(r_i) = \frac{1}{1+\exp(-r_i)} \quad i=1, \cdots, 400 \tag{4.5}$$

とする。

以上をまとめると，ここで適用するモデルは「正規分布から発生した個人差 $r_i$ をロジスティック関数で0～1の範囲に変換し，ある個人の解釈率 $\theta_i$ が決まる。

そして，この $\theta_i$ をパラメータとする試行数7の2項分布に従って，ある個人が要求だと解釈した数 $y_i$ が発生する」と想定しているということになる。なお，各パラメータの事前分布には，十分に範囲の広い一様分布を利用しており，記載は省略する。

### 4.4.2　分析結果と結果の解釈

事後分布はソフトウェア Stan を用い，ハミルトニアンモンテカルロ法によって近似した。長さ30000のチェインを4つ発生させ，バーンイン期間は5000とした。分析の結果，すべてのパラメータの $\widehat{R}$ は1.01を下回ったため，事後分布に収束していると判断した。

パラメータの事後分布を図4.1に，要約統計量を表4.2に記す。なお，$r$ に関しては400名分推定されているが，ここでは省略した。パラメータ $\mu$ と $\sigma$ は，小数第2位まで EAP，MAP，MED がほぼ一致しているので，以降では EAP を用いて結果の解釈を進める。

個人差 $r$ を生じさせる正規分布の平均 $\mu$ の EAP 推定量は0.54で，その95%確信区間は0.42〜0.67であり，標準偏差パラメータ $\sigma$ の EAP 推定量は0.92で，その95%確信区間は0.79〜1.07であった。*logistic*（0.42）= 0.60で，*logistic*（0.67）= 0.66であるから，平均的には60%〜66%の確率で要求の解釈を妥当であると判断するということが明らかとなった。

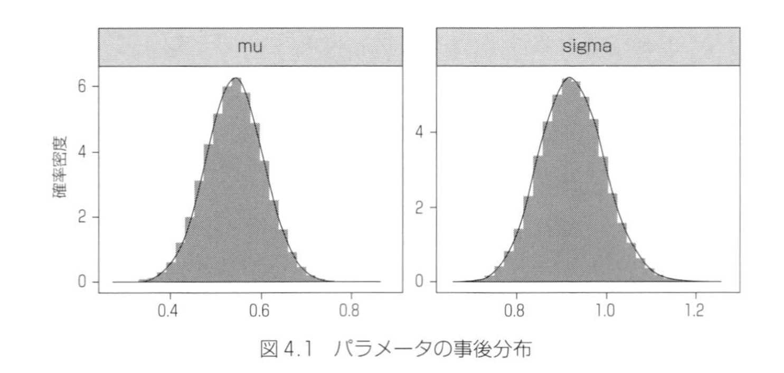


図4.1　パラメータの事後分布

表4.2　パラメータの事後分布の要約統計量

| | EAP | MAP | post.sd | 0.025 | MED | 0.975 |
|---|---|---|---|---|---|---|
| $\mu$ | 0.543 | 0.548 | 0.065 | 0.420 | 0.543 | 0.670 |
| $\sigma$ | 0.924 | 0.918 | 0.073 | 0.785 | 0.922 | 1.072 |

本章の目的においてより重要なのは，個人差の大きさである。2 項分布のパラメータ $\theta$ の変動を視覚的に把握するために，正規分布のパラメータ $\mu$ と $\sigma$ の MCMC サンプルを用いて 10 万個の乱数を発生させ，その値にロジスティック関数を適用し，分布を描いた（図 4.2）。95% 区間が 0.22〜0.92 であり，要求の解釈率は人によって大きく変動することがわかった。

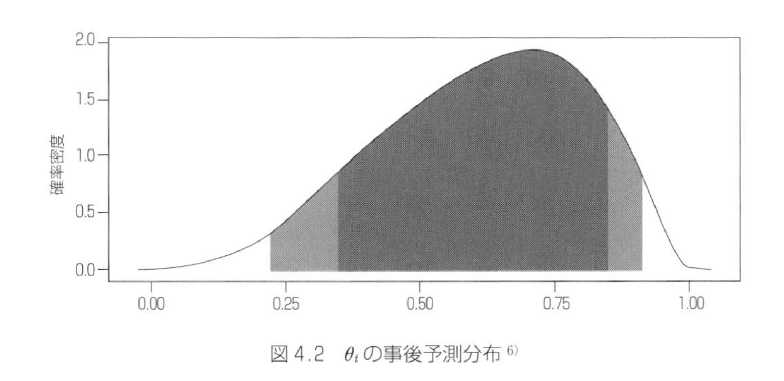


図 4.2 $\theta_i$ の事後予測分布 [6]

## 4.5 解釈率が異なるグループの存在を仮定した混合 2 項分布による分析

### 4.5.1 モデルの仮定

先ほどのモデルでは，個人によって要求の解釈率が異なり，その個人差が正規分布に従って発生すると考えた。個人差が発生する正規分布の標準偏差を推定することによって，間接的要求の解釈における個人差の大きさについて評価することが可能となった。

今度は，間接的要求を解釈しやすい人とそうでない人がいるのではないか，ということを考えてみる。すなわち，間接的要求の解釈率が異なるグループがあると仮定する。ここではグループが 2 つあると仮定し，パラメータ $\theta$ が異なる 2 つの 2 項分布をまぜた混合分布を考える。データは，確率 $\pi$ で 1 つ目の 2 項分布から発生し，確率 $1-\pi$ で 2 つ目の 2 項分布から発生するとし，その確率分布を

$$
\begin{aligned}
&Binomial\_Mixture(y \mid \pi, T, \theta_1, \theta_2) \\
&\quad = \pi \times Binomial(y \mid T, \theta_1) + (1-\pi) \times Binomial(y \mid T, \theta_2) \quad (4.6)
\end{aligned}
$$

6）濃いグレーは 80% 区間（0.35〜0.85）を，薄いグレーは 95% 区間（0.22〜0.91）を塗りつぶしている。

とする。この分布を使って，モデル式を書くと以下になる。なお，各パラメータの事前分布には，十分に範囲の広い一様分布を利用しており，記載は省略する。

$$y_i \sim Binomial\_Mixture(\pi, T=7, \theta_1, \theta_2) \quad i=1,\cdots,400 \tag{4.7}$$

### 4.5.2　分析結果と結果の解釈

事後分布はソフトウェアStanを用い，ハミルトニアンモンテカルロ法によって近似した。長さ30000のチェインを4つ発生させ，バーンイン期間は5000とした。分析の結果，すべてのパラメータの$\hat{R}$は1.01を下回ったため，事後分布に収束していると判断した。

パラメータの事後分布を図4.3に，要約統計量を表4.3に記す。パラメータ$\pi$, $\theta_1$, $\theta_2$は，小数第2位までEAP，MAP，MEDがほぼ一致しているので，以降ではEAPを用いて結果の解釈を進める。

1つ目のグループの解釈率$\theta_1$のEAP推定量は0.51で，その95%確信区間は0.47～0.54であった。また，2つ目のグループの解釈率$\theta_2$のEAP推定量は0.91で，その95%確信区間は，0.86～0.96であり，要求の解釈率が非常に高いことがわかった。さらに，2項分布の混合率を決める$\pi$のEAP推定量は0.74で，その95%確信区間は0.65～0.82であったことから，ある人が非常に間接的要求の解釈をしやすい人である確率は，18%～35%程度であることがわかった。

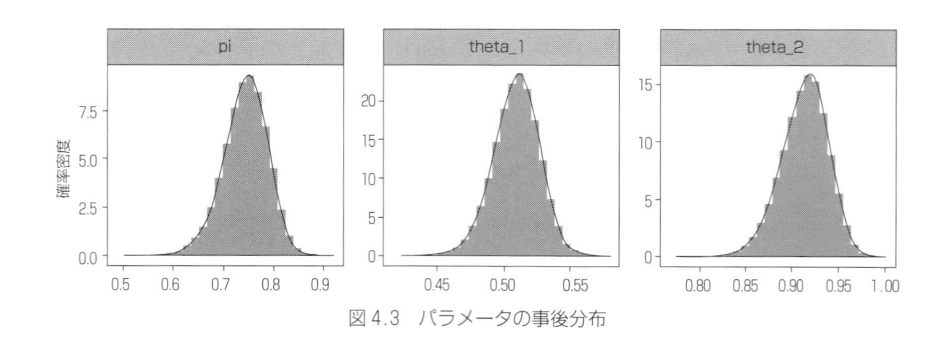


図4.3　パラメータの事後分布

表4.3　パラメータの事後分布の要約統計量

| | EAP | MAP | post.sd | 0.025 | MED | 0.975 |
|---|---|---|---|---|---|---|
| $\pi$ | 0.743 | 0.751 | 0.045 | 0.648 | 0.746 | 0.823 |
| $\theta_1$ | 0.509 | 0.512 | 0.017 | 0.474 | 0.510 | 0.542 |
| $\theta_2$ | 0.913 | 0.920 | 0.026 | 0.859 | 0.915 | 0.960 |

## 4.6　まとめと今後の課題

本章では，具体的な会話の場面を呈示し，そこでの要求の解釈が妥当かどうかの判断をとおして，間接的要求を解釈する傾向について検討した。本章で用いた2つのモデルは，要求の解釈率の変動についての想定が異なっている。各モデルの特徴とそのモデルの下でわかったことについて，ここで整理する。

1つ目のモデルでは，解釈率は個人によって異なるとし，その個人差が正規分布から発生していると考えることで，個人差の大きさについて評価することが可能となった。要求の解釈率は0.22〜0.91まで変動しており，要求の解釈を妥当ではないと判断しやすい人から要求の解釈を妥当であると判断しやすい人まで，幅広く存在していることが明らかとなった。このような個人差がなぜ生じているのか，ということについて検討をすすめることで，間接的発話の理解過程についてより詳細が理解できるようになるかもしれない。

2つ目のモデルでは，解釈率が異なるグループが存在しているのではないかという想定から，パラメータの異なる2項分布を混ぜ合わせることで，2つのグループが持つパラメータだけでなく，それらのグループの混合率も評価することが可能となった。2つのグループを想定した場合には，解釈確率が0.50程度のグループと0.90程度のグループがあることが明らかとなった。本章で設定した発話場面は，発話意図についての情報が含まれていないため，話し手が何を伝えようとしてその発話をしたのかを決めることはできない状況であった。そのため，解釈確率が0.50程度となるのは，ある意味自然とも考えられる。そのような状況においても，高い確率で要求の解釈が妥当であると判断する人が18〜35%存在することが明らかとなった。また，このモデルでは，ある人がどちらの2項分布に属するのかということについて，所属確率を得ることができる。どのような特徴を有していると，高い確率で要求の解釈が妥当であると判断するグループへの所属確率が高くなるのかについて検討を進めることができるだろう。

本章で紹介したモデルの課題として，項目の特性を考慮していないことがあげられる。用意した7つの刺激は，要求としての解釈が妥当であると判断されやすいものと，判断されにくいものがあった。本来はこのような項目の差についてもモデルに組み込むべきであるが，筆者の技術ではうまく扱えなかった。Webページにあるサンプルデータには，解釈が妥当であると判断した数だけではなく，各刺激に対する判断を含めてあるので，検討していただければ幸いである。

## 4.7 付録

本章で用いたStanコードの主要部分は以下である。

要求の解釈率が個人ごとに異なると仮定した2項分布による分析

```
model{
  for (i in 1:N){
    y[i] ~ binomial_logit(7, r[i]);
    r[i] ~ normal(mu, sigma);
  }
}
```

要求の解釈率が異なるグループの存在を仮定した混合2項分布による分析

```
model{
  for (i in 1:N){
    target += log_sum_exp(
      log(pi) + binomial_lpmf(y[i]|7, theta[1]),
      log1m(pi) + binomial_lpmf(y[i]|7, theta[2])
    );
  }
}
```

# 第5章 音声から感情はわかるか？

みなさんは「ドラえもん」をテレビで見たことがあるだろうか？　子どものころの筆者にとっては，週に1回の楽しみで，金曜の夜が待ち遠しかった覚えがある。テレビをつけるとドラえもんを中心にいつも楽しい騒動が起きていて，最後にカンカンに怒ったママが登場するオチになっていた。「ドラちゃん，のび太，こっちにいらっしゃい！」とママの怒鳴り声がすると，次のシーンでドラえもんとのび太がしょんぼりして説教を聞くのだった。

ここでのび太は，ママの声からママの機嫌の悪さを推測していたし，テレビを見る筆者も同じように想像していた[1)]。このように，私たち人間は話し相手の声から感情を推測している。でもロボットであるドラえもんは，どうやってママの声から感情を推測するのだろう？[2)]　言い換えれば，どのような音声の特徴から，機械は話者の感情を推測できるのだろう？

最近では，「OK，Google!」のように，音声入力によって人工知能と会話して機械を操作することも多い。ドラえもんに限らず，音声から人間の感情を推定できれば，人工知能は人間的な会話ができるのではないだろうか。よし，機械との楽しい会話を目指して，まずは感情を表現した人間の声から特徴をみてみよう。

## 5.1　音声への感情の表れ

実は，音声への感情の表れについては，進化論で有名なダーウィン[3)]に始まって多くの研究がある。犬の鳴き声から犬の感情を翻訳する機械が発売されていたり，声から感情を推定するアプリケーションも公表されたりしているので，実際に使ったことのある人もいるかもしれない[4)]。

---

1）ここでは，単純化するために，文脈からの感情の推定や，表情からの推定は省いている。だが本当は，人間の感情表現や感情認知はもっと複雑なものである。

2）「ドラえもん」は空想のお話だから人間と同様に音声から感情が推測できることになっているのだ，という妥当すぎる意見は言わないでほしい。

3）Darwin, C. (1872). *The expression of emotions in man and animals.* J. Murray, Reprint,University of Chicago Press, 1965.

コンピュータを使って音声を分析する場合は，音声物理量として，高さ（基本周波数：F0）・大きさ（音圧レベル）・速さ（発話速度や発話時間）が用いられることが多い。音声は，これらの音声物理量の組み合わせで感情が表現されている。たとえば，“静かな楽しみや幸福”“悲しみや失意”では声が低くなり（F0の低下），抑揚が小さくなり（F0レンジの減少），声が小さくなり，発話時間が長くなる。反対に，“激しい喜び”“落胆や絶望”“恐れ”“熱い怒り”では声が高くなり（F0の上昇），抑揚が大きくなり（F0レンジの上昇），声が大きくなり，発話時間が短くなる[5]。

## 5.2　音声データ

標準語話者の一般人17名（男性7名，女性10名，平均年齢42歳）に発声者として協力を依頼した[6]。発声者は，「喜んでいる，楽しい感じ」（喜），「鬱うつとした，悲しい感じ」（悲），「びっくりして驚いた感じ」（驚），「怖ろしがっておびえている感じ」（恐），「安心してほっとしている感じ」（安），「かっと怒っている感じ」（怒）の感情をこめて「こっちへいらっしゃい」というセリフを発声し，音声はWAVE形式ファイルで保存された。6感情×17名，合計102の音声から次の音声物理量が抽出された[7]。

● **F0・F0レンジ**　声の高さを示すパラメータとして発声者ごと，感情別にF0を抽出し，音声全体のF0の平均値を算出した。さらに発声者ごとに全感情のF0の平均値を算出し，ある感情のF0平均値との差をF0指標とした。抑揚の大きさを示すパラメータとして，発話全体の最高F0と最低F0の差を算出してF0レンジ指標とした[8]。

---

4）犬の感情を翻訳する機械とは，2002年にタカラトミーから発売されて大ヒットとなった犬語翻訳機バウリンガルのこと。2002年のイグノーベル平和賞を受賞している。

5）Scherer, K. R. (1986). Vocal Affect Expression: A Review and a Model for Future Research. *Psychological Bulletin*, **99**(2), 143-165.

6）次の論文のデータを一部用いている。鈴木朋子・田村直良（2006）．表現と認知の相違から検討した感情音声の特徴　心理学研究, **77**(2), 149-156.

7）サンプリング周波数は44.1kHz，16bit量子化。音声物理量の抽出にはpraatを用いた。

8）F0算出には自己相関関数を用い，窓関数はHAMMING法を使用した。フレーム周期は10ms，F0の抽出範囲は75Hzから600Hzに設定した。人間の聴覚特性に合わせてメル尺度化した。声の高さ（F0）は個人差が大きいため，発声者内の相対値を用いた。

●**音圧レベル**　　声の大きさを示すパラメータとして，発声全体の音圧レベルの平均値を算出した。

●**発話時間**　　発声全体の持続時間（sec）を算出した。

## 5.3　記述統計量

感情ごとの音声物理量の箱ヒゲ図を図 5.1 から図 5.4 に示す。

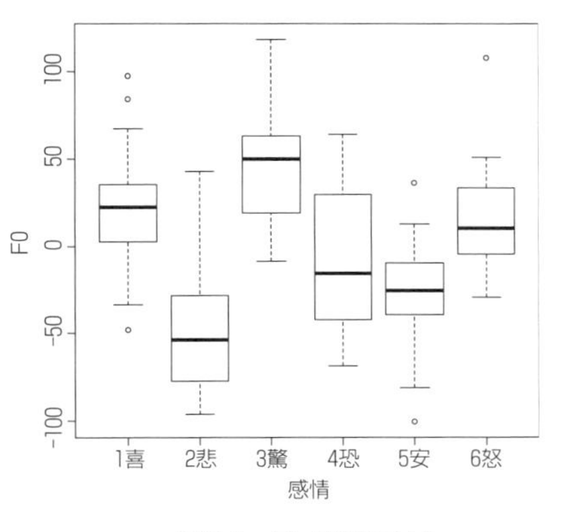


図 5.1　F0（感情ごと）

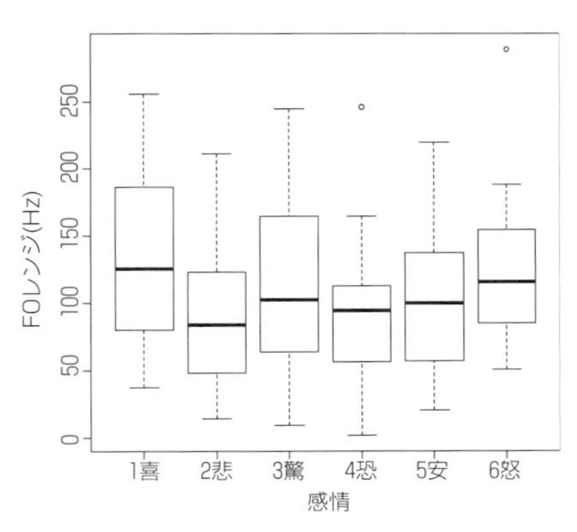


図 5.2　F0 レンジ（感情ごと）

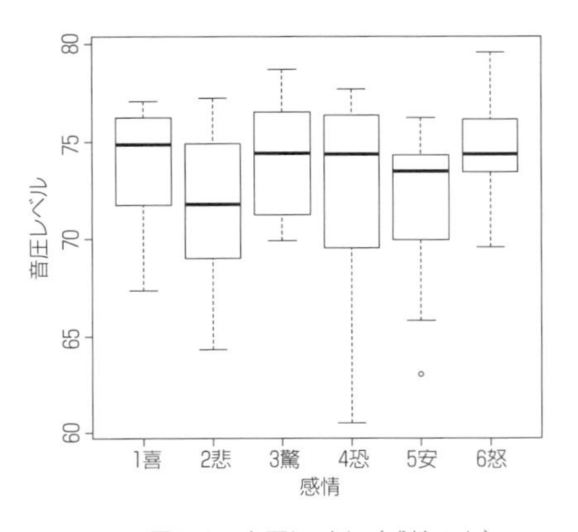


図 5.3　音圧レベル（感情ごと）

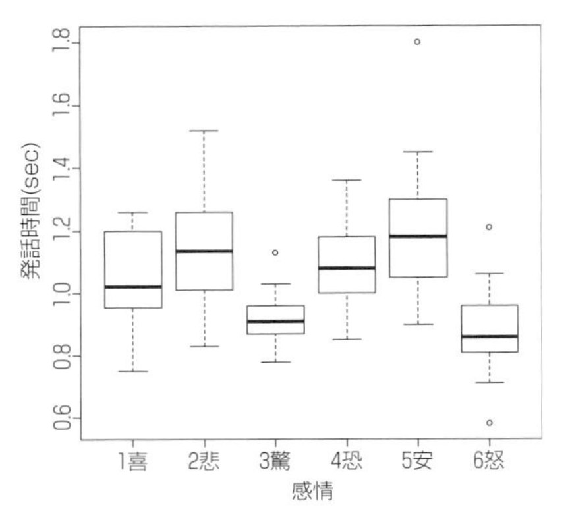


図 5.4　持続時間（感情ごと）

## 5.4　ベイズ法による分析（乱塊計画）

音声物理量（F0，F0 レンジ，音圧レベル，発話時間）を従属変数として，感情6水準（喜・悲・驚・恐・安・怒）を要因A，発声者を要因Bとする乱塊計画データによる分析を行った。分析には以下のモデルを用いた。

$$
\begin{aligned}
&y_{jk} = a_j + \beta_k + e_{jk} \\
&e_{jk} \sim N(0, \sigma_e) \\
&\beta_k \sim N(0, \sigma_\beta)
\end{aligned}
\tag{5.1}
$$

式の $a_j$ は要因A，$\beta_k$ は要因Bを示す。要因Aは固定効果，要因Bは変量効果のブロック要因でクロスしている。$e_{jk}$ は平均0，標準偏差 $\sigma_e$ の正規分布に従い，水準 $\beta_k$ は，平均0，標準偏差 $\sigma_\beta$ の正規分布に従うと仮定する。

長さ21000のチェインを5つ発生させ，バーンイン期間を1000とし，HMC法によって得られた100000個の乱数で事後分布を近似した。収束判定指標 $\hat{R}$ はすべて1.1以下であり，チェイン間の散らばりがチェイン内の散らばりに比べて小さいことが示されている。

音声物理量ごとの母数の事後分布と，感情差の事後分布を検討する。感情差の事後分布で大きな差が推測できれば，感情による表現の違いが音声物理量に表れていると考えることができる。

表5.1にF0の母数の事後分布を示す。$\mu$ と $\sigma_a$ は生成量で，$a_j$ の平均と標準偏

表5.1　F0の母数の事後分布

| | EAP | post.sd | 0.025 | MED | 0.975 |
|---|---|---|---|---|---|
| $a_1$ | 23.6 | 9.4 | 4.8 | 23.5 | 42.4 |
| $a_2$ | -47.7 | 8.8 | -65.0 | -47.6 | -30.3 |
| $a_3$ | 46.9 | 9.1 | 29.1 | 46.9 | 64.6 |
| $a_4$ | -9.1 | 9.1 | -26.9 | -9.1 | 8.6 |
| $a_5$ | -25.9 | 9.0 | -43.8 | -25.9 | -8.2 |
| $a_6$ | 16.2 | 9.0 | -1.6 | 16.3 | 33.9 |
| $\sigma_e$ | 37.0 | 2.7 | 32.2 | 36.8 | 42.7 |
| $\sigma_b$ | 3.6 | 2.7 | 0.4 | 3.0 | 10.1 |
| $\mu$ | 0.7 | 3.8 | -6.8 | 0.7 | 8.1 |
| $\sigma_a$ | 32.6 | 3.6 | 25.6 | 32.6 | 39.6 |
| $\eta^2$ | 0.437 | 0.063 | 0.305 | 0.440 | 0.551 |
| $\delta$ | 0.886 | 0.114 | 0.663 | 0.886 | 1.107 |

表 5.2 F0 の切片に関して感情 $i$ 行が $j$ 列より大きい確率

| | $a_1$ | $a_2$ | $a_3$ | $a_4$ | $a_5$ | $a_6$ |
|---|---|---|---|---|---|---|
| $a_1$ | 0.0 | 1.0 | 0.0 | 1.0 | 1.0 | 0.7 |
| $a_2$ | 0.0 | 0.0 | 0.0 | 0.0 | 0.0 | 0.0 |
| $a_3$ | 1.0 | 1.0 | 0.0 | 1.0 | 1.0 | 1.0 |
| $a_4$ | 0.0 | 1.0 | 0.0 | 0.0 | 0.9 | 0.0 |
| $a_5$ | 0.0 | 1.0 | 0.0 | 0.1 | 0.0 | 0.0 |
| $a_6$ | 0.3 | 1.0 | 0.0 | 1.0 | 1.0 | 0.0 |

$a_1$(喜)・$a_2$(悲)・$a_3$(驚)・$a_4$(恐)・$a_5$(安)・$a_6$(怒)

表 5.3 F0 レンジの母数の事後分布

| | EAP | post.sd | 0.025 | MED | 0.975 |
|---|---|---|---|---|---|
| $a_1$ | 138 | 16 | 106 | 138 | 170 |
| $a_2$ | 89 | 16 | 58 | 89 | 119 |
| $a_3$ | 115 | 16 | 84 | 115 | 146 |
| $a_4$ | 91 | 16 | 60 | 91 | 122 |
| $a_5$ | 102 | 16 | 71 | 102 | 133 |
| $a_6$ | 127 | 16 | 96 | 127 | 157 |
| $\sigma_e$ | 56 | 5 | 48 | 55 | 66 |
| $\sigma_b$ | 32 | 10 | 15 | 31 | 54 |
| $\mu$ | 110 | 10 | 91 | 110 | 130 |
| $\sigma_a$ | 21 | 5 | 12 | 21 | 32 |
| $\eta^2$ | 0.132 | 0.054 | 0.040 | 0.128 | 0.248 |
| $\delta$ | 0.384 | 0.095 | 0.204 | 0.383 | 0.575 |

差を示している。説明率 $\eta^2$ は 44%，効果量 $\delta$ は 0.886 倍と大きかった。

表 5.2 に F0 の感情差の事後分布を示す。“驚” を表現した音声が他のすべての音声よりも高く，“悲” を表現した音声が他のすべての音声よりも低かった。また，“喜” “怒” を表現した音声が “恐” “安” を表現した音声より高かった。

表 5.3 に F0 レンジの母数の事後分布を示す。説明率 $\eta^2$ は 13%，効果量 $\delta$ は 0.384 倍と小さかった。

表 5.4 に F0 レンジの感情差の事後分布を示す。“喜” を表現した音声は “悲” “驚” “恐” “安” を表現した音声よりも抑揚が大きく，“驚” “怒” を表現した音声は “悲” “恐” “安” よりも声の抑揚が大きかった。

表 5.5 に音圧レベルの母数の事後分布を示す。説明率 $\eta^2$ は 25%，効果量 $\delta$ は 0.572 倍と中ぐらいであった。

表 5.6 に音圧レベルの感情差の事後分布を示す。“喜” “驚” “恐” “怒” を表現した音声が “悲” “安” を表現した音声よりも声が大きく，“驚” “怒” を表現した音

表 5.4　F0 レンジの切片に関して感情 $i$ 行が $j$ 列より大きい確率

| | $a_1$ | $a_2$ | $a_3$ | $a_4$ | $a_5$ | $a_6$ |
|---|---|---|---|---|---|---|
| $a_1$ | 0.0 | 1.0 | 0.9 | 1.0 | 1.0 | 0.7 |
| $a_2$ | 0.0 | 0.0 | 0.1 | 0.4 | 0.2 | 0.0 |
| $a_3$ | 0.1 | 0.9 | 0.0 | 0.9 | 0.8 | 0.3 |
| $a_4$ | 0.0 | 0.6 | 0.1 | 0.0 | 0.3 | 0.0 |
| $a_5$ | 0.0 | 0.8 | 0.2 | 0.7 | 0.0 | 0.1 |
| $a_6$ | 0.3 | 1.0 | 0.7 | 1.0 | 0.9 | 0.0 |

$a_1$(喜)・$a_2$(悲)・$a_3$(驚)・$a_4$(恐)・$a_5$(安)・$a_6$(怒)

表 5.5　音圧レベルの母数の事後分布

| | EAP | post.sd | 0.025 | MED | 0.975 |
|---|---|---|---|---|---|
| $a_1$ | 73.8 | 0.9 | 71.9 | 73.8 | 75.7 |
| $a_2$ | 71.5 | 0.9 | 69.7 | 71.5 | 73.4 |
| $a_3$ | 74.3 | 0.9 | 72.5 | 74.3 | 76.2 |
| $a_4$ | 72.9 | 0.9 | 71.1 | 72.9 | 74.8 |
| $a_5$ | 71.8 | 0.9 | 69.9 | 71.8 | 73.6 |
| $a_6$ | 74.7 | 0.9 | 72.8 | 74.7 | 76.5 |
| $\sigma_e$ | 2.3 | 0.2 | 1.9 | 2.2 | 2.7 |
| $\sigma_b$ | 3.1 | 0.7 | 2.0 | 3.0 | 4.6 |
| $\mu$ | 73.2 | 0.8 | 71.6 | 73.2 | 74.7 |
| $\sigma_a$ | 1.3 | 0.2 | 0.9 | 1.3 | 1.7 |
| $\eta^2$ | 0.247 | 0.066 | 0.120 | 0.246 | 0.377 |
| $\delta$ | 0.572 | 0.104 | 0.370 | 0.572 | 0.778 |

表 5.6　音圧レベルの切片に関して感情 $i$ 行が $j$ 列より大きい確率

| | $a_1$ | $a_2$ | $a_3$ | $a_4$ | $a_5$ | $a_6$ |
|---|---|---|---|---|---|---|
| $a_1$ | 0.0 | 1.0 | 0.3 | 0.9 | 1.0 | 0.1 |
| $a_2$ | 0.0 | 0.0 | 0.0 | 0.0 | 0.4 | 0.0 |
| $a_3$ | 0.7 | 1.0 | 0.0 | 1.0 | 1.0 | 0.3 |
| $a_4$ | 0.1 | 1.0 | 0.0 | 0.0 | 0.9 | 0.0 |
| $a_5$ | 0.0 | 0.6 | 0.0 | 0.1 | 0.0 | 0.0 |
| $a_6$ | 0.9 | 1.0 | 0.7 | 1.0 | 1.0 | 0.0 |

$a_1$(喜)・$a_2$(悲)・$a_3$(驚)・$a_4$(恐)・$a_5$(安)・$a_6$(怒)

声が“恐”を表現した音声よりも大きかった。

表 5.7 に発話時間の母数の事後分布を示す。説明率 $\eta^2$ は 38%，効果量 $\delta$ は 0.783 倍と大きかった。

表 5.8 に発話時間の感情差の事後分布を示す。“悲”“安”を表現した音声は，“喜”“驚”“恐”“怒”を表現した音声よりも発話時間が長かった。“喜”“恐”を表

表 5.7 発話時間の母数の事後分布

| | EAP | post.sd | 0.025 | MED | 0.975 |
|---|---|---|---|---|---|
| $a_1$ | 1.05 | 0.04 | 0.97 | 1.05 | 1.14 |
| $a_2$ | 1.15 | 0.04 | 1.07 | 1.15 | 1.23 |
| $a_3$ | 0.92 | 0.04 | 0.83 | 0.92 | 1.00 |
| $a_4$ | 1.09 | 0.04 | 1.01 | 1.09 | 1.17 |
| $a_5$ | 1.20 | 0.04 | 1.11 | 1.20 | 1.28 |
| $a_6$ | 0.88 | 0.04 | 0.80 | 0.88 | 0.96 |
| $\sigma_e$ | 0.15 | 0.01 | 0.13 | 0.15 | 0.18 |
| $\sigma_b$ | 0.07 | 0.03 | 0.02 | 0.07 | 0.13 |
| $\mu$ | 1.05 | 0.02 | 1.00 | 1.05 | 1.09 |
| $\sigma_a$ | 0.12 | 0.02 | 0.09 | 0.12 | 0.15 |
| $\eta^2$ | 0.378 | 0.067 | 0.242 | 0.379 | 0.503 |
| $\delta$ | 0.783 | 0.113 | 0.565 | 0.782 | 1.006 |

表 5.8 発話時間の切片に関して感情 $i$ 行が $j$ 列より大きい確率

| | $a_1$ | $a_2$ | $a_3$ | $a_4$ | $a_5$ | $a_6$ |
|---|---|---|---|---|---|---|
| $a_1$ | 0.0 | 0.0 | 1.0 | 0.3 | 0.0 | 1.0 |
| $a_2$ | 1.0 | 0.0 | 1.0 | 0.9 | 0.2 | 1.0 |
| $a_3$ | 0.0 | 0.0 | 0.0 | 0.0 | 0.0 | 0.8 |
| $a_4$ | 0.7 | 0.1 | 1.0 | 0.0 | 0.0 | 1.0 |
| $a_5$ | 1.0 | 0.8 | 1.0 | 1.0 | 0.0 | 1.0 |
| $a_6$ | 0.0 | 0.0 | 0.2 | 0.0 | 0.0 | 0.0 |

$a_1$(喜)・$a_2$(悲)・$a_3$(驚)・$a_4$(恐)・$a_5$(安)・$a_6$(怒)

現した音声は“驚”“怒”を表現した音声よりも発話時間が長かった。

## 5.5 結論

感情別による音声物理量の特徴は表 5.9 のようであった。

ここで大問題が生じる。大まかにいうと，“喜”“驚”“怒”の声は高く，抑揚が

表 5.9 感情別による音声物理量の特徴

| | 高さ（F0） | 抑揚（F0 レンジ） | 大きさ（音圧レベル） | 発話時間 |
|---|---|---|---|---|
| 喜 | やや高い | 大きい | やや大きい | やや短い |
| 悲 | 低い | やや小さい | 小さい | 長い |
| 驚 | 高い | やや大きい | やや大きい | 短い |
| 恐 | やや低い | 小さい | やや小さい | やや長い |
| 安 | やや低い | やや小さい | 小さい | 長い |
| 怒 | やや高い | やや大きい | 大きい | 短い |

大きく，声も大きく，早口という共通点がある。“悲”“恐”“安”の声は低く，抑揚が小さく，声も小さく，話し方が遅いという共通点がある。ドラえもんがママの声から機嫌をうかがうときに，怒っている機嫌の悪い声と，喜んでいる機嫌の良い声とを間違えて推定してしまうと大問題である。しょんぼりと首を垂れて向かわなければならないときに，うっかりスキップで行ってしまったら，ママの怒りを倍増させ，お説教が長引いてしまうだろう。同じように，ママがネズミを見つけて恐怖に震えている時の声と，どら焼きをドラえもんにあげようとしている時のくつろぎ安心した声とを取り違えて推定したら大変である。どら焼きが好物でネズミ恐怖症のドラえもんにとっては天と地ほどの差が生じてしまう。

そこで，音声物理量の感情差の事後分布に着目する。まず，“怒”と“喜”の差について，表5.2，表5.4，表5.6，表5.8の$a_6$行$a_1$列を見ると，“怒”が“喜”よりF0が高い確率は30%，F0レンジが大きい確率は30%，音圧レベルが大きい確率は90%，発話時間が長い確率は0%である。つまり，ひどい早口で大きな声を出している場合には，発声者が怒っている可能性が高いと考えるのが妥当だろう。ママが，早口で，大きな声で「こっちへいらっしゃい」と言うのが聞こえたら，ドラえもんはしょんぼりして向かう方が説教は短くすむに違いない。

同じようにして，“恐”と“安”の差について，表5.2，表5.4，表5.6，表5.8の$a_4$行$a_5$列を見ると，“恐”が“安”よりF0が高い確率は90%，F0レンジが大きい確率は30%，音圧レベルが大きい確率は90%，発話時間が長い確率は0%である。声がとても小さくて低いならば，発声者は安心している可能性が高く，低めの声でも早口の場合には恐怖に震えている可能性が高い。ママが低く，小さく，しかも早口に「こっちへいらっしゃい」と呼び掛けてきた場合には，ドラえもんは覚悟と勇気をもってママのところへ向かう方がよいだろう。

ベイズ法によって導かれた感情間の差の事後分布を用いることで，ドラえもんはより細やかに音声から感情を推定することができるようになった。人工知能と人間が楽しく会話できる日も，そう遠くないに違いない。

## 5.6 付録

乱塊計画のコードを以下に示す。

```
RBlockD<-'
data {
  int<lower = 0>  n;                         //全データ数
  int<lower = 0>  J;                         //群数
  int<lower = 0>  K;                         //ブロック数
  vector[n]       y;                         //基準変数
  int<lower = 0>  j[n];                      //分類変数 A
  int<lower = 0>  k[n];                      //ブロック変数 B
}
parameters {
  vector[J]   a;                             //各群の効果
  vector[K]   b;                             //ブロックの効果
  real<lower = 0> sigma;                     //誤差 SD
  real<lower = 0> s_b;                       //ブロック SD
}
transformed parameters {
}
model {
    y ~ normal(a[j]+ b[k], sigma);
    b ~ normal(0, s_b);
}
generated quantities{
```

# 第6章

## 男心をくすぐるデート戦略

### ——時間で変化するデートの魅力を階層ベイズでモデリング——

恋は駆け引き。戦略こそが重要だ。稀なことかもしれないが，女性が男性をデートに誘うという場面を考えたい。「今日デートに行かない？」と誘われるのか，「来週デートに行かない？」と誘われるのかで，男心に芽生える感情は違う。男性をデートに誘う時には，何日後のデートにすべきか，よく考えたほうがいい。大好きな彼を「わくわく」させるチャンスだからである。デートは恋の一大事。日時設定ひとつとっても，決して軽視すべきではない。

本章では，時間で変化するデートの魅力について検討する。「いつのデートに誘うのが最も効果的か」について，恋する乙女にアドバイスを贈ることが目的だ。もちろん，データに基づいて進言しよう。ベイズ統計モデリングだって駆使する。乙女の恋が成就するかもしれないのだから。そう思って，決意した。本章執筆者は本気を出す。

## 6.1　遅延価値割引

物事の価値は，それを受け取るタイミングによって変化する。金銭報酬を例に考えてみよう。「今日もらえる 1000 円」と「1 年後にもらえる 1000 円」があった場合，多くは「今日もらえる 1000 円」が選ばれる。同じ 1000 円であっても，時間が経過するほど心理的価値が低下するからだ。時間による主観的な価値の低下は遅延価値割引（delay discount）と呼ばれ，心理学や行動経済学などの分野で広く研究されている。金銭報酬の時間的価値変化は，その右肩下がりのトレンドを指数関数や双曲関数などの遅延割引関数（delay discount function）でモデリングすることが多い。

時間によって価値の変化が生じるのは，金銭的損失や身体的痛み，ハリウッド俳優とのキスなど様々である。遅延する物事の内容で価値変化のトレンドは異なり，たとえばキスの場合，3 日後の魅力が最も高くなる。キスそのものの魅力に，待つことの「わくわく（savouring)」が加算されるためだと考えられている[1)]。

では，デートはどうだろうか。今日のデートと後日のデートでは，その魅力に違いがあるだろうか。実験とベイズ統計モデリングによって検討していこう。

## 6.2　デート予定の選択実験

時間で変化するデートの魅力について検証するため，デート予定の選択実験（図6.1）を行った。女性を恋愛対象とする男子大学生・大学院生14名に協力を仰ぎ，実験に参加してもらった[2]。実験では，PC画面に提示される2つの選択肢から片方の選択肢を選ぶことが求められる。選択肢には，女性モデルの画像[3]とデートまでの日数が提示された。片方の選択肢は常に「今日のデート」に固定されており，もう片方の選択肢には，1日後，3日後，7日後，13日後，30日後のいずれかが提示された。女性モデルの比較は，本人との比較を含め4名×4名×遅延日数5通りの，計80通りの組み合わせで行われた（e.g. 女性モデルAと今日デートする vs. 女性モデルBと3日後にデートする）。実験参加者には，各実験試行について1回ずつ「わくわくする方」を選択してもらった。なお，実験試行の提示順序と選択肢の左右の提示位置はランダムにした。また，好みの影響を考慮するため，女性モデルに対する好み度を0から100までの視覚的アナログスケール（Visual Analogue Scale）で事前に評定してもらった。

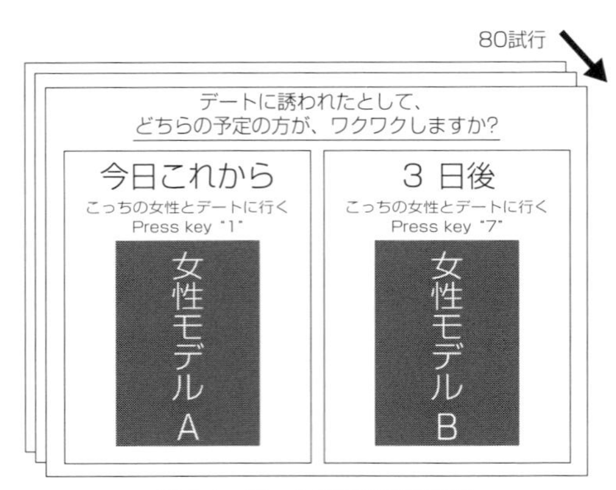


図6.1　デート予定の選択実験

1）Loewenstein, G.（1987）. Anticipation and the Valuation of Delayed Consumption. *The Economic Journal*, **97**(387), 666-684.

2）本章では，グラフ描画スペースの理由から9名の参加者データに絞った報告を行う。どうかご容赦願いたい。

3）男子大学院生による協議のうえ，女性アイドルの画像を任意に選抜した。

## 6.3　データの確認

データを確認しよう。詳細はWebページにあるサンプルデータのRコードを実行してほしい。実験では，デートまでの日数と女性モデルについて全通りの組み合わせを提示した。すなわち，好みのモデル女性が「今日デートする選択肢」に登場する回数と，「後日デートする選択肢」に登場する回数は同数であった。したがって，日付に関係なく好みの女性モデルばかりを選んだ場合，後日のデートを選択する比率は50%となる。逆を言えば，「選択率が50%でない場合，参加者の選択はデートまでの日数に影響を受けた」ことになる。

図6.2は，「後日のデート」を選択した比率を，デートまでの日数別でグラフにしたものである。選択比率50%にグレーの破線を引いている。左パネルは個人ごとの推移である。個人によって選択比率のトレンドに違いがあることがわかる。右パネルでは，実験参加者全体で選択比率を日別に平均している。デートまでの日数が長くなるほど，「後日のデート」が選択されにくくなっている。

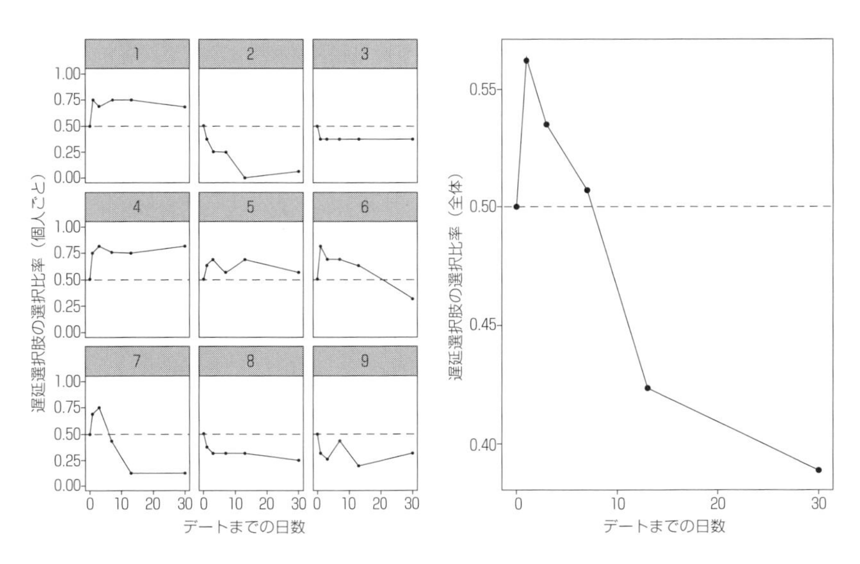


図6.2　後日のデート（遅延選択肢）の選択比率

## 6.4　遅延価値関数と階層ベイズ

さて，本章の課題は「時間で変化するデートの魅力」を調べることであった。実験で得られたデータから，後日のデートが持つ魅力を推定したい。そのためには，モデルのパーツを準備する必要がある。数式を交えた解説とともに話を進めていこう。

### 6.4.1　今日デートする魅力

まずは，今日デートすることの魅力を定義する。これには，ある参加者（$i$）のあるモデル女性（$j$）に対する好みの評定値 $A_{ij}$ をそのまま利用する。デートまでの日数が0日のため，モデル女性とデートする魅力は時間による影響を受けないという仮定である。したがって，今日デートすることの主観的魅力 $U_{ij}$ は，次式で定義した。

$$U_{ij} = A_{ij} \tag{6.1}$$

### 6.4.2　時間で変化する後日のデートの魅力

続いて，後日デートの魅力について考える。図6.2の左パネルを見る限り，デートの魅力は時間によって多様なトレンドで変化するようだ。少々工夫を凝らした遅延割引関数が必要になる。本章では合計6つのモデル式を用意した[4]。図6.3に各モデルの挙動を示す。

**指数型割引モデル**　図6.3の左上のパネルには，指数型割引関数で表現した価値変化のトレンドが示されている。同関数は，0から1までの範囲をとる割引係数 $\gamma$ をパラメータとして持っており，その値が大きいほど右肩下がりが緩やかになる。指数型割引関数を用いて，ある参加者（$i$）がある女性モデル（$j$）とt日後にデートする場合の，後日のデートの魅力 $V_{ijt}$ を定義してみよう。「後日デートする選択肢」に提示された，女性モデルに対する好みの評定値 $A_{ij}$ を利用する。好み得点 $A_{ij}$ の女性モデルと $t$ 日後にデートする魅力を表現すれば次式と

4）参考文献：Story, G. W. et al. (2013). Dread and the disvalue of future pain. *PLoS Computational Biology*, **9**(11).

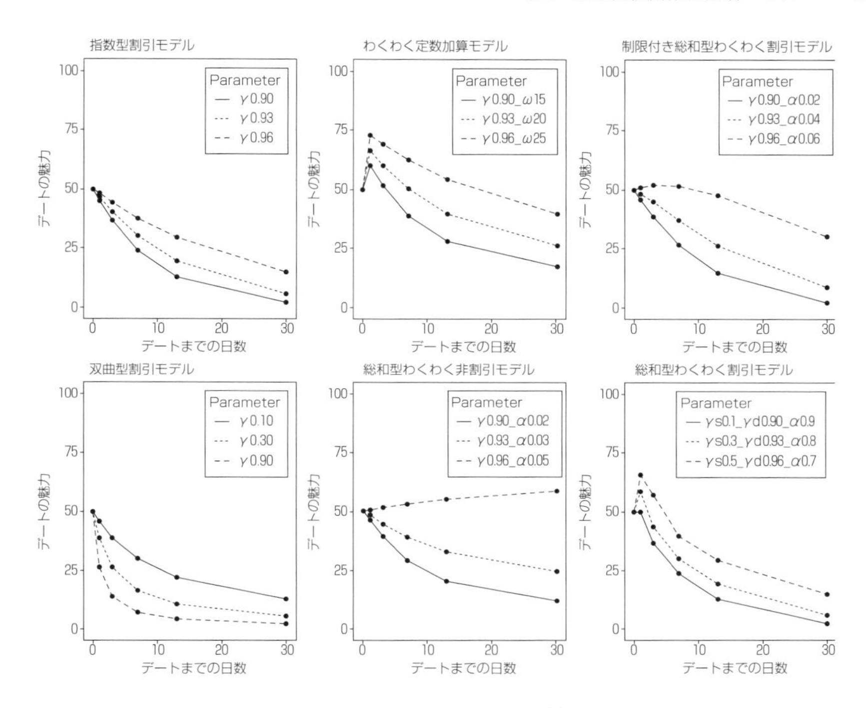


図 6.3 本章で紹介する 6 つの遅延割引関数

なる。

$$V_{ijt} = A_{ij} \cdot \gamma_i^t \tag{6.2}$$

以降，$t$ は後日の選択肢に提示されたデートまでの日数 $\{1,3,7,13,30\}$ を示すものとして使用する。

**● 双曲型割引モデル**　双曲型割引モデルは，指数型割引モデルと並んで広く利用される遅延割引関数の 1 つである。指数型割引モデルよりも，短期間での急激な価値低下を表現できるのが特徴だ。その様子は，図 6.3 の左下パネルに見ることができる。なお，同モデルのパラメータ $\gamma$ は指数型割引関数とは異なり，値が大きいほど価値の低下が急激になる。

$$V_{ijt} = \frac{A_{ij}}{1+\gamma_i \cdot t} \tag{6.3}$$

**●わくわく定数加算モデル**　　後日のデートそのものの魅力に，それを楽しみに待つ「わくわく」が加算されるモデルを考えよう。以降，後日のデートそのものの魅力はすべて指数型割引モデルで表現する。

最もシンプルな「わくわく定数加算モデル」では，時間によって低下するデートそのものの魅力に，わくわくの定数 $\omega_i$ をパラメータとして加算する。図6.3上段の中間パネルに本モデルの挙動を示した。

$$V_{ijt} = \omega_i + A_{ij} \cdot \gamma_i^t \tag{6.4}$$

**●総和型わくわく非割引モデル**　　少し想像してみてほしい。何かを待つ「わくわく」は，それを待つ日数分だけ加算されるものではないだろうか。日数分加算されるわくわくを表現した「総和型わくわく非割引モデル」では，指数関数で変化するデートの魅力を日数分合計し（t−1日後までの各日を $k$ とする），固定比率 $\alpha_i$ を乗算することでわくわくを定義する。本モデルの挙動は，図6.3の下段中央のパネルに示した。指数型割引モデルと同じ右肩下がりの傾向を表現できる一方で，時間によって魅力が増していくトレンドも表現可能なモデルである。

$$V_{ijt} = \alpha_i \cdot \sum_{k=0}^{t-1} \gamma_i^k \cdot A_{ij} + A_{ij} \cdot \gamma_i^t \tag{6.5}$$

**●制限付き総和型わくわく割引モデル**　　さらに踏み込もう。デートを楽しみに待つ「わくわく」といっても，あまりに遠い将来の場合には，わくわくは薄れてしまうと考えられる。デートそのものの魅力だけでなく，加算される「わくわく」にも指数型の割引を付与しよう。「制限付き総和型わくわく割引モデル」では，デートそのものの割引係数を，「わくわく」に対する割引にも適用する。シミュレーションによるモデルのトレンド変化は，図6.3の上段右パネルに示した。デートまでの日数が近いうちは右肩上がりだが，遠い将来になると魅力が低下するトレンドに切り替わる。表現力の高いモデルである。

$$V_{ijt} = \alpha_i \cdot \gamma_i^t \cdot \sum_{k=0}^{t-1} \gamma_i^k \cdot A_{ij} + A_{ij} \cdot \gamma_i^t \tag{6.6}$$

**●総和型わくわく割引モデル**　　最後のモデルは，デートを待つわくわくと，デートそのものの魅力に対して，異なる割引係数の乗算を想定したモデルである。「デートそのものの魅力」とデートを待つ「わくわく」が別のメカニズムで生じていると考えるならば，自然な仮定だと言える。別々に仮定する割引係数 $\gamma$ を識別するため，デートを待つわくわくにかかる割引係数を $\gamma_s$ とし，デートそのものの魅力にかかる係数を $\gamma_d$ と表記した。本モデルは，パラメータを調整することで多様なトレンドを表現できる。図 6.3 の下段右パネルには，その一例を示した。

$$V_{ijt} = \alpha_i \cdot \gamma_{si} \cdot \sum_{k=0}^{t-1} \gamma_{di}^{k} \cdot A_{ij} + A_{ij} \cdot \gamma_{di}^{t} \tag{6.7}$$

ここまで，6 つの遅延割引関数を紹介した。すべてのモデルで解析を実施したいところだが，紙面は限られている。表現力の高い，制限付き総和型わくわく割引モデルと総和型わくわく割引モデルの 2 つに絞って話を進めていくこととする。

### 6.4.3 モデル式の展開

2 つのモデルには総和の計算が含まれている。計算コストをおさえるために，総和を展開して整理しておこう。どちらのモデルでもよいが，総和記号がかかる部分 $\sum_{k=0}^{t-1} \gamma_i^k \cdot A_{ij}$ に着眼してほしい。この部分を $S$ とおいて数列に展開する。不要な添字は省いて考えよう。

$$S = \gamma^0 \cdot A + \gamma^1 \cdot A ... + \gamma^{t-1} \cdot A \tag{6.8}$$

続いて，数列 $S$ に $\gamma$ を 1 つ乗算した $\gamma \cdot S$ を考える。

$$\gamma \cdot S = \gamma^1 \cdot A + \gamma^2 \cdot A ... + \gamma^t \cdot A \tag{6.9}$$

そして元の数列 $S$ から，$\gamma \cdot S$ を引き算すると，次の 2 つの項が残る。

$$S - \gamma \cdot S = \gamma^0 \cdot A - \gamma^t \cdot A \tag{6.10}$$

左辺を $S$ でくくり出し，両辺を $1-\gamma$ で除算する。そして，$\gamma^0$ を 1 とし，右辺を $A$ に関して整理すると次の式が得られる。

$$S = \frac{A(1-\gamma^t)}{1-\gamma} \tag{6.11}$$

これにより，$\sum_{k=0}^{t-1} \gamma_i^k \cdot A_{ij}$ であった $S$ から総和を消去することができた。不必要な和の計算を消去することは，Stan の解析を安定かつ高速にするうえで有効な手段となる。

### 6.4.4　ソフトマックス行動選択

「今日デートする魅力」と「後日デートする魅力」を定義することができた。次は，それらの魅力を選択データ（0, 1）と結びつけていく。選択データからモデルのパラメータを推定するために必須の作業である。このとき，ソフトマックス行動選択（softmax action selection）は有用だ。複数の選択肢からターゲットとなる選択肢を選ぶ確率が算出できる正規化指数関数である。ここでは，本章の文脈に則って，選択肢が2つの場合を示そう。

$$\theta = \frac{\exp(\beta \cdot V)}{\exp(\beta \cdot U) + \exp(\beta \cdot V)} \tag{6.12}$$

ここで，$\beta$ は逆温度（inverse temperature）と呼ばれるパラメータである。その値が大きいほど，$U < V$ のわずかな差であっても大きな $\theta$ を出力するようになる。ソフトマックス行動選択を利用することで，今日のデートの魅力 $U$ と後日のデートの魅力 $V$ から，後日のデートを選択する確率 $\theta$ を定量化することができる。なお，選択肢が2つの場合，ソフトマックス行動選択は，シグモイド関数の形式に簡略化することができる。

$$\theta = \frac{1}{1 + \exp(\beta(U - V))} \tag{6.13}$$

これでモデルの骨子は整った。仕上げは，モデルのパラメータに確率分布を仮定する作業である。個人ごとに設定するパラメータには，集団レベルの超パラメータを仮定する。これで，時間で変化するデートの魅力を推定するための，階層ベイズモデルが構成される。

### 6.4.5　階層ベイズモデル

本章では，制限付き総和型わくわく割引モデルと総和型わくわく割引モデルの2つに絞って解析を進める。両モデルには，割引係数 $\gamma$，わくわく係数 $\alpha$，逆温度 $\beta$ の3つのパラメータが存在する[5]。それぞれ個人ごとに仮定しよう。そして，各パラメータの事前分布には正規分布を仮定し，その超パラメータに全体で共通の平均パラメータ $\mu$ と標準偏差パラメータ $\sigma$ を設定する。以下では，制限付き総和型わくわく割引モデルのモデル式を記述する。総和型わくわく割引モデルは，

---

5）割引係数は仮定する事前分布が同じであるため，$\gamma_s$ と $\gamma_d$ を一括して $\gamma$ と表記する。

その骨子となる遅延割引関数と割引係数$\gamma$に関する部分を変更すればよい。なお，超パラメータの事前分布には弱情報事前分布（weakly informative prior）を採用した[6]。最下段では，後日デートの選択（$C_{ijt}=1$）が，$\theta_{ijt}$をパラメータとするベルヌーイ分布から生成されるという仮定をおいている。なお，$I[0,1]$はパラメータが取りうる値の範囲が0から1までであることを示しており，$I[0,\infty]$は非負であることをここでは意味している。

$$
\begin{aligned}
&\mu_{\alpha,\gamma} \sim Normal(0.5, 0.5)I[0,1]\\
&\sigma_{\alpha,\beta,\gamma} \sim Student\_t(3,0,1)I[0,\infty]\\
&\mu_{\beta} \sim Normal(0,10)I[0,\infty]\\
&\alpha_i \sim Normal(\mu_\alpha,\sigma_\alpha)I[0,1]\\
&\beta_i \sim Normal(\mu_\beta,\sigma_\beta)I[0,\infty]\\
&r_i \sim Normal(\mu_\gamma,\sigma_\gamma)I[0,1]\\
&U_{ij}=A_{ij}\\
&V_{ijt}=\alpha_i\cdot\gamma_i^t\cdot\sum_{k=0}^{t-1}\gamma_i^t\cdot A_{ij}+A_{ij}\cdot\gamma_i^t\\
&\theta_{ijt}=\frac{1}{1+\exp(\beta_i(U_{ij}-V_{ijt}))}\\
&C_{ijt}\sim Bernoulli(\theta_{ijt})
\end{aligned}
\tag{6.14}
$$

## 6.5 制限付き総和型わくわく割引モデルの結果

まずは，制限付き総和型わくわく割引モデルの結果を確認しよう。なお，結果を図示する前に，Gelman-Rubin 検定による収束判定を実施した。$\hat{R}$統計量はすべてのパラメータで1.1以下であり，実効サンプルサイズは全サンプルの10%以上，モンテカルロ標準誤差は事後分布の標準偏差の1/10未満の値であった。以上をもって，サンプリングの収束を判断した。また，以下ではすべてパラメータのEAPを利用して結果を報告する。

モデルフィットの結果は，まずまずといったところだろうか。図6.4を見てみよう。白三角と破線のトレンドは，後日のデートを選択する確率$\theta_{ijt}$を日数別で

6）Stan Development Team (2017). Prior Choice Recommendation. (https://github.com/stan-dev/stan/wiki/Prior-Choice-Recommendations)

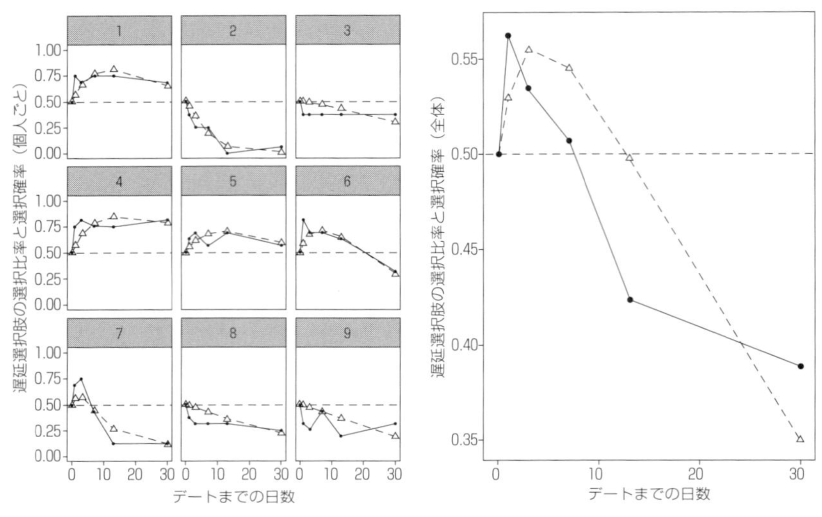


図6.4　制限付き総和型わくわく割引モデルによる選択確率のトレンド

平均したものである。左パネルを確認すると，モデルで推定した選択確率の平均は，各個人の選択率トレンドを上手く表現しているように見える。ただし，ID3, ID8, ID9についてはその限りではない。急激に低下する選択率のトレンドを表現できていないからだ。右パネルを見ると，全体としてその傾向が明瞭になる。参加者全体で選択確率を日数別平均したときのトレンドだが，実際の選択率との乖離がある。

ここで，予測の観点からモデルを評価する情報量規準であるWAIC（widely applicable information criterion）を算出しておこう。WAICは，その値が低いほど（相対的に）予測損失が小さいことを示す。詳細について確認したい読者は別途資料を参照されたい[7]。制限付き総和型わくわく割引モデルを用いた階層ベイズの場合，WAICは552.1となった。

## 6.6　総和型わくわく割引モデルの結果

総和型わくわく割引モデルを用いた解析の結果は，制限付き総和型わくわく割引モデルと比べて良好だ。サンプリングの収束は事前に確認している。図6.5の

7）Watanabe, S. (2013). A widely applicable Bayesian information criterion. *The Journal of Machine Learning Research*, **14**(1), 867-897.

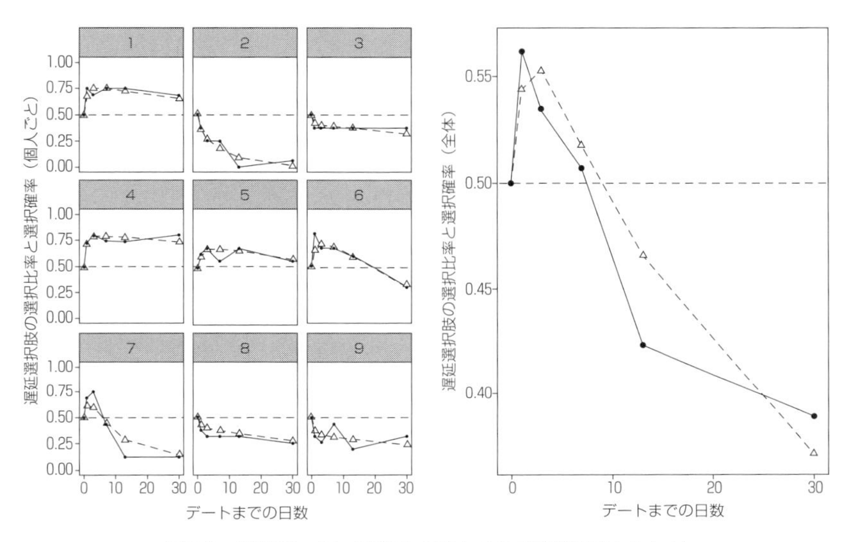


図 6.5　総和型わくわく割引モデルによる選択確率のトレンド

左パネルを見ると，個人ごとの選択率が上手く捉えられていることがわかる。前のモデルでは捉えきれなかった，ID3，ID8，ID9 のトレンドも表現できている。右パネルにある全体のトレンドも，上手くつかめていると言えるだろう。WAIC は 501.5 という結果であった。制限付き総和型わくわく割引モデル（WAIC = 552.1）と比べて当てはまりがよいという結果である。

最後に，本章のテーマである「時間で変化するデートの魅力」を確認する。総和型わくわく割引モデルで推定された $V_{ijt}$ について，日数別で平均したトレンドを図 6.6 に示した。全体での要約を示した右パネルでは，3 日後のデートの魅力が最も高くなっている。

## 6.7　考察と結論

総和型わくわく割引モデルで考えた場合，全体として「3 日後のデートが最も魅力的」という結果が得られた。もちろん，この結果を素直に信用すべきではない。参加者数が十分ではなく，モデルにも改善の余地があるからだ。また，デートの魅力トレンドには個人によって大きな違いがあった。この点についても，よく胸にとどめておく必要がある。

だが，あえて謹言しよう。乙女たちよ。これはまだ暫定の結論だが，男性を

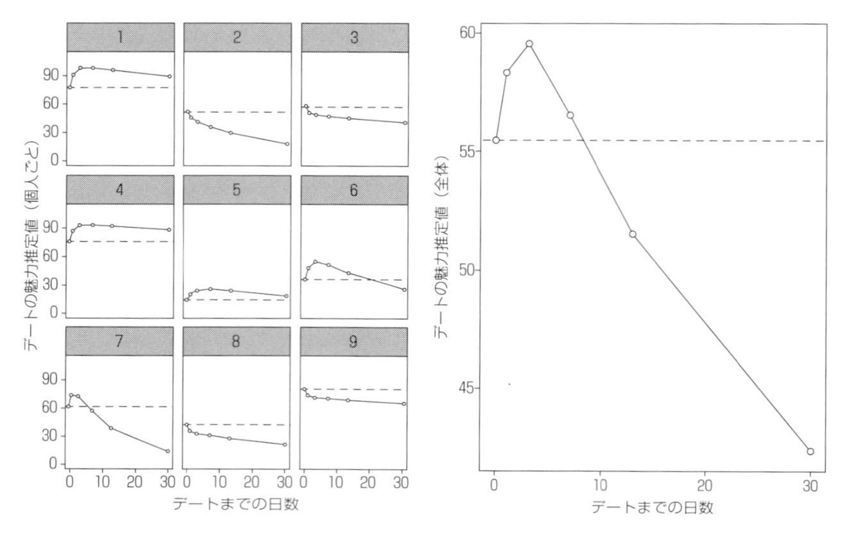


図6.6　総和型わくわく割引モデルで推定された後日デートする魅力の時間的変化

破線は女性モデルと「今日デートする魅力」の平均値を示す。白丸は，推定されたデートの魅力($V_{ift}$)のEAPを日数別で平均した値となっている。

デートに誘うなら3日後である。3日後のデートを設定するのが得策だ。男性からデートに誘われた場合には，「3日後ならいいよ」と返答するのが妙手かもしれない。デートは恋の一大事。素敵なデートが実現すること，心から応援している。

## 6.8　付録

制限付き総和型わくわく割引モデルのモデル主要部分を示す。

```
transformed parameters {
  real <lower = 0, upper = 1> theta[r];
  real V[r];
  for (i in 1:r){
    V[i] = alpha[ID[i]] * A[i] * pow(gamma[ID[i]], Delay[i]) *
           (1 - pow(gamma[ID[i]], Delay[i])) / (1 - gamma[ID[i]]) +
           A[i] * pow(gamma[ID[i]], Delay[i]);
    theta[i] = 1 / (1 + exp(beta[ID[i]] * (U[i] - V[i])));
  }
}
model {
```

```
  beta_mu ~ normal(0, 10);
  beta_sigma ~ student_t(3, 0, 1);
  gamma_mu ~ normal(0.5, 0.5);
  gamma_sigma ~ student_t(3, 0, 1);
  alpha_mu ~ normal(0.5, 0.5);
  alpha_sigma ~ student_t(3, 0, 1);
  beta ~ normal(beta_mu, beta_sigma);
  gamma ~ normal(gamma_mu, gamma_sigma);
  alpha ~ normal(alpha_mu, alpha_sigma);
  for (i in 1:r)
    C[i] ~ bernoulli(theta[i]);
}
```

# 第7章

# 心の旅が始まる
## ——観光のイメージの世代間比較——

筆者は旅と風呂が嫌いだった。風呂に入る前に服を脱ぐ。風呂から出ると服を着る。もちろん下着を替えたりはするけれども，服を脱いで服を着るという前後のところだけ取り出せば，何のためにやっているのかわからないという強い思いを抱くのだ。旅行もそうで，出かけて同じ場所に戻ってくるので，旅に何の機能があるのかわからなかったのである。

もちろん切り出しの前後にあるプロセスにこそ，旅行の真価がある。ただ若かった頃の私は，それの楽しみ方を知らないがゆえに評価できず，価値のわからないその時間をパソコンをさわることに費やしていたい，と考えていたのである。

旅先に行って温泉に入ってゆっくりする。これの良さを知ったのはもう少し大人になってからである。学会などであちこちに出歩き，その土地の美味しい食べ物，美味しいお酒を楽しんだり，温泉に入ったりという経験をつむことで，なるほどこういうものにも良いことがあるのだなと思える感覚を培ったようだ。

このように，人の感覚が成長とともに変化し，経験とともにものの見え方が変わるということがある。一般的にも，心理学的な興味関心を持つ人の研究のスタートとして，「あの人はいったいなにを考えているのだろうか」から始まって，「そもそも人はどのようにものを考えるのだろうか」というように展開していくということがあるだろう。

この章ではこのような「人の感覚世界，その個人差」をモデリングすることを考えてみたい。

## 7.1　個人差多次元尺度構成法

何が良いと思って何を悪いと思うか。我々はいくつかの判断次元を持っているような気がするけれども，もちろんすべて言葉で説明できるものでもない。直感的に，これは良いとか，なんだか嫌だとか判断する感覚があって，それを言葉で説明するときに，私はこういう観点で物事を考えていたんです，などと後付けで説明するものである。

もちろんしっかりした考え方のもとに意見を主張することもあるが，よくわからないことについては言葉にならないことも少なくない。そのような自覚的でない判断次元を探る方法の1つが，多次元尺度構成法（Multi Dimensional Scaling, 以下 MDS）である。

MDS が必要とするデータの種類は，一対の対象の距離である。心理学ではMDS に与えるデータとして，（非）類似度評定を使うことが多い。（非）類似度とは要するに，似ているかどうかの判断である。似ていればその2つの距離は近いし，似ていなければその2つの距離が遠いと考える。類似度評定のスコアを逆転項目のように反転させ，非類似度行列を距離行列とみなして分析すれば，心の地図が得られるという考え方である。

MDS の結果として得られるのは，似た対象同士が近くに，似てないもの同士が遠くにあるように配置された地図である。この地図を眺めていると，なるほどこの人はこういうように判断していたのだなぁ，ということが読み取れるようになる。

もちろん人によって感覚は様々であるから，地図の描き方は全然違うものになる。同じものを比較していても，筆者の心の地図とあなたの心の地図が，ぴったり重ならないだろうことは想像に難くない。同じ地名が書いてあっても，全く違う地図同士は比較のしようがない。そこで個人差多次元尺度構成法（INdividual Differences multidimensional SCALing，以下 INDSCAL[1]）の登場である。これは，人によって共通する次元をまず想定する。同じ地平を用意し，個人差はその次元に重み付けたもの（重要度が違う）として表現する。この軸の伸縮をもって個人差を考察することができるのが利点である。

この技術を使えば，人によって描かれる心の地図と，それがどのように違っているのかを考えることができる[2]。

## 7.2　モデル

MDS の確率モデル[3]は，対象 $x$ と $y$ には本当の距離 $\delta_{xy}$ があって，これが観

1）D は発音せず，インスカルと読む。

2）多次元尺度構成法について，入門書として Stalans, L. J.（1994）. Multi-dimensional scaling. In G. Grimm & P. R. Yarnold（Eds.）, *Reading and Understanding Multivariate Statistics*. 小杉考司（監訳）（2016）．研究論文を読み解くための多変量解析入門［基礎編］（北大路書房）の5章を，より詳しくは岡太彬訓・今泉忠（1994）．パソコン多次元尺度構成法（共立出版）を参照してほしい。

測された$d_{xy}$になるときに誤差を伴う，と考える。すなわち，

$$d_{xy} \sim N(\delta_{xy}, \sigma^2) \tag{7.1}$$

である。この本当の距離$\delta_{xy}$は対象のあるべき空間の座標から計算される。対象$x$が二次元座標$\lambda_{x1}, \lambda_{x2}$にあり，対象$y$が$\lambda_{y1}, \lambda_{y2}$にあるとすれば，距離$\delta_{xy}$は

$$\delta_{xy} = \sqrt{(\lambda_{x1}-\lambda_{y1})^2+(\lambda_{x2}-\lambda_{y2})^2} = \sqrt{\sum_{p=1}^{2}(\lambda_{xp}-\lambda_{yp})^2} \tag{7.2}$$

として計算できる。我々がモデルで推定したいのはこの座標であり，これを距離に変換したものがデータと対応すると考えるのである。

INDSCALではこの距離の座標に，個人ごとの重みがついていると考える。すなわち，個人$i$の次元$p$に対する重みを$w_{ip}$とすると，対象間の距離$\delta_{xyi}$は

$$\delta_{xyi} = \sqrt{\sum_{p=1}^{2}w_{ip}(\lambda_{xp}-\lambda_{yp})^2} \tag{7.3}$$

で表現される。

この重みが意味するところについて説明を加えておこう。たとえば果物のイメージ調査の結果，INDSCALモデルによって図7.1のような結果が得られたと

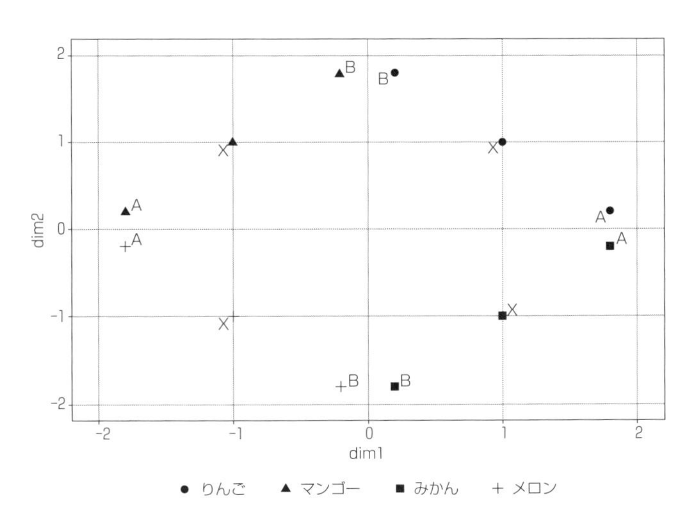


図7.1 INDSCALによる重みの表現例

3) Oh, M.-S., & Raftery, A. E. (2001). Bayesian Multidimensional Scaling and Choice of Dimension. *Journal of the American Statistical Association*, Vol. 96, No. 455 (Sep., 2001), 1031-1044.

する。ここで，X とあるのは（7.2）式の（あるいは $w_{ip}=1$ の）基準となる座標であり，共通次元とも呼ばれる。

第1次元は「りんご・みかん」と「マンゴー・メロン」を分ける次元だから，値段が高いか安いかの判断次元であり，第2次元は「りんご・マンゴー」と「みかん・メロン」を分ける次元なので水分量が少ないか多いかの判断次元である，と解釈できるだろう。

図7.1にはさらに，A，Bの2人の重みを含めて算出された点もプロットされている。対象の距離から，A にとっては，りんごとみかん，マンゴーとメロンは似たものと感じられており，B にとってはりんごに似ているのはマンゴーであり，みかんに似ているのはメロンだということになる。

こうした違いを生んでいるのが次元につけられた重みである。A の重みは基準となる X の座標を左右に広げ（$w_{A1}>1$），かつ，上下の座標は縮めている（$w_{A2}<1$）。このことから，A は果物の評価に際して価格帯を重視し，水分量は重視しない，ということがわかる。一方，B は左右方向を縮小し（$w_{B1}<1$），上下方向を拡大している（$w_{B2}>1$）ことから，価格帯よりも水分量を重視しているといえる。

さて，座標や重みについて，なんの制限もないままであればいかなる値もとり得て解が定まらないので，いくつか制限をかける必要がある。1つは座標に関してである。個人差の重みをつけていない座標 $\lambda_{xp}$ については，大きさ（ノルム）が1になるように制限する。すなわち，全部で $M$ 個の対象があったとして，$\sum_{x=1}^{M}\lambda_{xp}^2=1$ と置くことにする。

もう1つは重みに関してである。重みの大きさについても絶対的な決まりはなく，個々人の相対的な比較に興味があるから，次元ごとの重みの総和を一定にすることにしよう。たとえば $N$ 人の重みを考えるとすると，次元 $p$ に対する重み $w_{ip}$ は $\sum_{i=1}^{N}w_{ip}=N$ と置くことにする。

ところで，MDS は1つの距離行列から，INDSCAL は個人ごとに得られたいくつかの距離行列からでも，布置を求めることができる。しかしベイジアンによるモデリングアプローチの場合，データからさぐりだす真の座標を確率分布として推定するため，ある程度のサンプルサイズがなければ確信区間が広くなりすぎて，推定はできたけれどどこにあるのかよくわからない，というようなことになりかねない。

そこで今回は個々人のデータではなく，いくつかのグループに分けられたデータを用い，グループごとの特徴を描くこととした。ある人 $i$ がグループ $g$ に所属している場合，次元 $p$ に対する個人差重み $w_{igp} = w_{gp}$ と考えて推定する。

最後に事前分布だが，座標についての事前分布は標準正規分布，誤差には 0 で切断して正の領域の密度を 2 倍にした t 分布である，半 t 分布を自由度 $\nu = 4$ としておいた。

## 7.3　技術的な制約

MDS は，対象同士の相対的な距離から座標を求める技術である。仮に 3 つの点の距離関係がわかっていたとすると，その 3 点を結ぶ三角形を作ることができる。これをどこかに座標として置きたいわけだが，この「置き方」については何も決まっていない。どこを原点にするか，どの点をどの象限に置くかは，距離データから得られる情報ではない。三角形を方眼紙の上でくるくる回しても，上下左右にずらしても，ひっくり返した時でさえ，距離関係は保存されているのである。MDS では一般的に，データの平均が原点に来るように位置を定めることで平行移動を止めるが，回転に対しては自由度が残っている。ただし INDSCAL は，個人間を通じて軸の伸縮を考えるので，回転についての自由度がない。回転の自由度がないともいえるが，INDSCAL は軸を解釈することができる，ともいえる。

ところで，ベイジアンモデリングの推定方法の 1 つ，MCMC は乱数を大量発生させて事後分布を近似するものである。このとき，乱数一つひとつは，モデル（とデータ）が与える条件であるパラメータの同時確率空間から得られた候補である。また，MCMC は推定の確からしさを担保するために，異なる初期値から始まる乱数候補を複数用意して，一致するかどうかをチェックする（$\widehat{R}$などがその指標である）。

INDSCAL モデルについて MCMC で推定値を得ようとすると，得られる座標パラメータが 2 峰性を持つことがある。つまり，絶対値が同じで符号が逆の形で，解が得られるパターンが出てくるのである。1 つの MCMC チェインの中では軸が定まっていても，複数のチェインを比較すると符号が整っておらず，複数チェインの平均値を推定値としようとすると，異なる符号が打ち消しあってゼロに近い値ばかり得られることになる。先の三角形を方眼用紙に置く例で言えば，回転は止まっても反転の可能性までは否定できないということである。

これについての解決策はいくつかある。1つは，MCMCではないベイズ推定法である，変分近似を行う方法である。この方法は乱数による近似ではなく解析的な近似なので，答えが一意に定まる。ただし推定に際して，各パラメータが相互に独立であるという仮定があるため，モデルの性質によっては正しい解にならないという問題がある。

もう1つの解決策は，軸が止まるように，なんらかの基準を与えてやることである。対象の任意の3つの点に対して，それぞれが第一，第二，第三象限にあるはずだ，という制約を課すことで，軸の符号の向きが定まる。ある三角形を方眼用紙の上に置く時，それぞれの点がどの象限にあるかを定めてやれば，反転も止めることができる。今回はこの制約をモデルの中に取り入れる。すなわち，3つの対象 $\{x, y, z\} = i$ の第 $p$ 次元に対する座標 $\lambda_{ip}$ について，

$$\begin{cases} \lambda_{x1} \geq 0, \lambda_{x2} \geq 0 \\ \lambda_{y1} \leq 0, \lambda_{y2} \geq 0 \\ \lambda_{z1} \leq 0, \lambda_{z2} \leq 0 \end{cases} \tag{7.4}$$

のように，特定の3つの対象をそれぞれ第一，第二，第三象限にあるとの制約を課す。これでチェインごとに符号が反転するという問題もなくなる。本章ではこの方法を採用する。

これ以外にも，モデルに制約は課さずにMCMCサンプルが得られた後で向きを整えるという方法もあるが，やや技術的な話になるので引用文献を示すにとどめたい[4]。

## 7.4 データ

今回のデータは，とある社会調査[5]で得た10の観光地に対する類似度評定である。20代から60代の男女を対象に，札幌，飛騨高山，舞鶴，佐世保，志摩，秋吉台，野沢，道後，由布院，宮古島について，各組み合わせを「似ている」を0点，似ていないを10点として回答してもらった。表7.1はある20代男性の回

4）Stephens, M.（2000）. Dealing with label switching in mixture models. *Journal of the Royal Statistical Society: Series B*（Statistical Methodology）, **62**, 795–809.

5）筆者が代表研究者である科学研究費補助金，「空間統計学を用いた態度構造と態度変容の三次元モデルの構築（課題番号24730510）」の支援を受けて行われた調査で，大阪府に居住する男女500名から得られたデータである。

表 7.1 非類似度評定データの例（20 代男性）

| | 札幌 | 飛騨高山 | 舞鶴 | 佐世保 | 志摩 | 秋吉台 | 野沢 | 道後 | 由布院 |
|---|---|---|---|---|---|---|---|---|---|
| 飛騨高山 | 8 | 0 | 0 | 0 | 0 | 0 | 0 | 0 | 0 |
| 舞鶴 | 8 | 8 | 0 | 0 | 0 | 0 | 0 | 0 | 0 |
| 佐世保 | 7 | 8 | 8 | 0 | 0 | 0 | 0 | 0 | 0 |
| 志摩 | 8 | 8 | 6 | 8 | 0 | 0 | 0 | 0 | 0 |
| 秋吉台 | 7 | 8 | 8 | 8 | 8 | 0 | 0 | 0 | 0 |
| 野沢 | 8 | 4 | 8 | 8 | 8 | 8 | 0 | 0 | 0 |
| 道後 | 8 | 8 | 8 | 8 | 7 | 8 | 8 | 0 | 0 |
| 由布院 | 8 | 8 | 8 | 7 | 8 | 8 | 8 | 5 | 0 |
| 宮古島 | 7 | 8 | 8 | 8 | 8 | 8 | 8 | 8 | 8 |

表 7.2 グループごとの回答者数

| 20M | 30M | 40M | 50M | 60M | 20F | 30F | 40F | 50F | 60F |
|---|---|---|---|---|---|---|---|---|---|
| 47 | 42 | 37 | 39 | 43 | 44 | 41 | 45 | 46 | 41 |

答例である。

このようなデータが，20 代から 60 代の男女それぞれ 50 名分得られた。以下，男性を M，女性を F と記号化している。20M は 20 代男性，30F は 30 代女性を意味する。また，調査全体は各群につき 50 名ずつ均等に割り付けたが，回答者の中には分散が 0（すべて同じ評定値）の回答者が含まれており，こうしたデータを除外したため，実際の有効回答数は表 7.2 のようになっている。

## 7.5 結果と考察

MCMC サンプルは 100,000 点，ただし warmup を 5000 点とった。結果として$\widehat{R}$は基準を十分満たし（いずれも$\widehat{R} < 1.1$），有効サンプルサイズ数からも十分に収束したと判断した。

それぞれの推定された座標の EAP と 50% 確信区間から，共通の認知空間を図にしたのが図 7.2 である。

左右の軸は，左に道後や宮古島，右に飛騨高山や札幌が位置していることから，暖かさ－寒さのイメージである。あるいは志摩や舞鶴，佐世保に野沢，といったところから海と山のイメージも少し含まれているようだ。

対して上下の軸は，由布院や佐世保が上の方に，志摩や宮古島が下の方に位置している。解釈がやや難しいが，昔ながらの観光地が上の方に，新しく若者向け

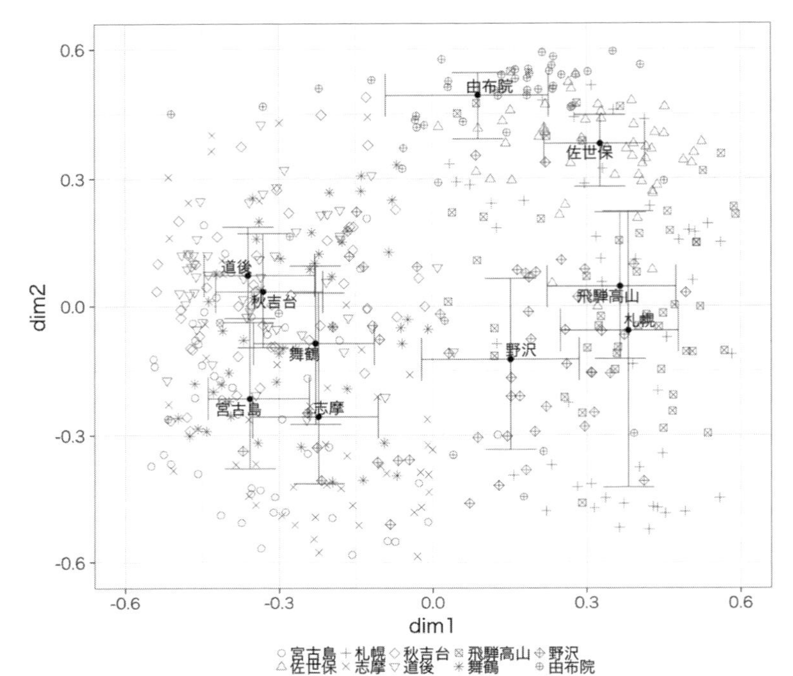


図7.2　ベイジアンINDSCALによる共通布置のプロット

の観光地が下の方に位置している，と読める。

領域ごとのまとまりとしてみれば，＜由布院・佐世保＞の「九州・年配の方向けの保養地」，＜道後・秋吉台・舞鶴＞の「昔ながらのレトロな観光地」，＜宮古島・志摩＞の「海辺の暖かなリゾート的観光地」，＜飛騨高山・野沢・札幌＞の「冬のシーズンが楽しめる観光地」のようなエリアに分かれていると言えるだろう。

もちろんこの解釈は，筆者の主観的な判断によるものであるが，探索的な結果の解釈をより説得力のあるものにするために，より客観的な根拠を持って「人はこのように世界を見ている」との解釈が示されれば，より説得力を増すことになる。分析者自身の考えを様々に投影してみてほしい。

また，通常のMDSのプロットと違って，対象が布置されうる可能性のある点と領域が示されていることに注意しよう。この図では，MCMCサンプルの中からランダムに50点抜き出しプロットしている。また，第一，第二次元それぞれの確信区間を点につけた羽で示している。対象の布置が領域として表現されるのが，ベイジアンMDSの特徴である。

結果から，たとえば由布院は左右に，札幌は上下に大きく50%確信区間がとられていることがわかる。これに対して，道後や秋吉台はあまりその幅が広くない。この幅の広さは，対象が存在する位置が不確定であることを意味しており，回答者にとってのイメージが大きく違いうる対象であるとも言える。「由布院は寒いところだ」と思っている人もいれば，「由布院は意外と暖かいところだ」と思っている人もいるだろうし，「札幌は昭和レトロな感じのする街だ」と思う人もいれば，「非常に都会的で新しい感じがする」という人もいる，ということだろう。観光地として，イメージがまとまっていることとそうでないこと，どちらが人を旅に誘うのかを考えるヒントになるかもしれない。

続いて重さの年代，世代比較を見ていこう。世代（20〜60代），性別（M・F）ごとの各次元に対する重みを表にしたものが，表7.3であり，変化をグラフで視覚化したのが図7.3である。

表7.3 回答群ごとの次元の重み

| | 20M | 30M | 40M | 50M | 60M |
|---|---|---|---|---|---|
| dim1 | 1.102 | 0.928 | 0.72 | 0.880 | 0.942 |
| dim2 | 1.101 | 0.909 | 0.73 | 0.899 | 0.979 |
| | 20F | 30F | 40F | 50F | 60F |
| dim1 | 1.084 | 0.931 | 1.222 | 1.202 | 0.887 |
| dim2 | 1.072 | 0.899 | 1.210 | 1.209 | 0.884 |

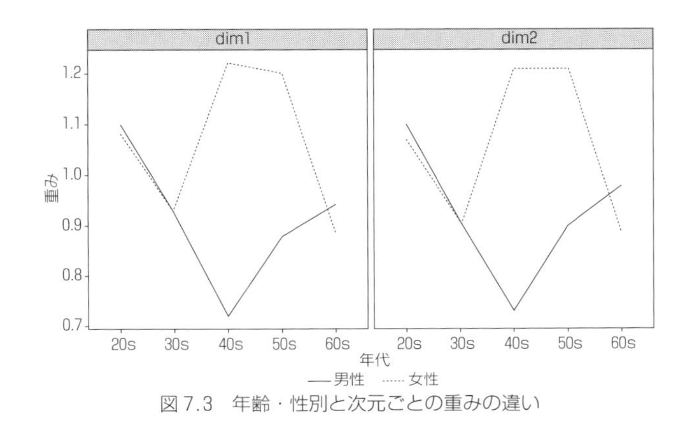

図7.3 年齢・性別と次元ごとの重みの違い

これを見ると重みは，第一・第二次元ともパターンは同じで，40代の男女で大きく差があることがわかる。第一・第二次元の違いがほとんどないことから，世界を大きく見るか，小さく見るかという広がりに性差・世代差があるようだ。もちろん，これは各世代の結果を擬似的に連続体に並べたものであって，経験とともに見え方が変化する様子をどこまで一般的に言えるかはわからない。この限界を踏まえたうえで，あえて言うならば，女性の 40，50 代は各地の違いを明確にイメージするのに対し，男性は「どこも同じように感じている」ということなのかもしれない。

重みの違いが最も大きい，20 代男女と 40 代男女について，重みから座標を計算して図示したのが，図 7.4 である。

20 代の頃はお互いに経験も少なく，同じようなイメージを持っていた男女も，徐々にイメージに開きが出てくることがわかるだろう。特に 30 代から 50 代にかけては，男性がどんどん鈍感になっていく（重みが下がる）のに対し，女性は敏感に，様々な違いを楽しめるようになっていく。典型的な 40 代男女であれば，男性が「出かけたところで同じところに戻ってくるのに」，とでも言おうものなら，女性に「この違いがわからないなんて，無粋ねえ」と思われてしまうだろう。

仕事盛りの 40 代を超えた男性は，仕事の疲れから旅に出たくなるのか，人間が円熟してきて余裕が出てくるのか，はたまた小金が溜まって余裕ができるから

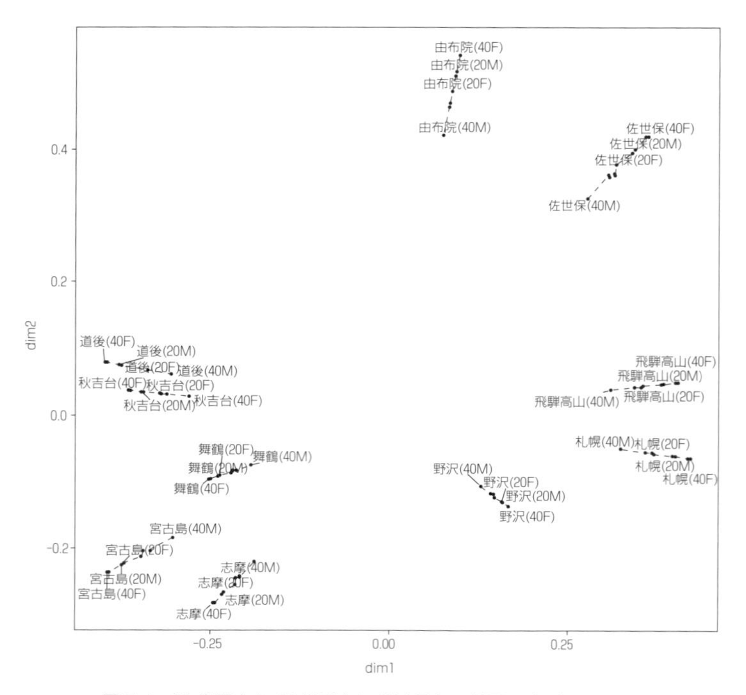


図 7.4　20 代男女と 40 代男女における心の地図の広がりの違い

なのか，ともかく徐々に街，風景，風土についての重要度が増してきて，旅を楽しめるようになっていく。60代では男女の差は縮まるどころか少しばかり逆転し，男性の方がより旅の次元を重視するようになっていく。

もちろん世代ごとに違うイメージが，個人の就労状況，ライフスタイルからくる旅行経験の差によるものなのか，昭和と平成など世代の違いによるものなのか，このデータからはわからない。しかし個人的な感覚から言うと，筆者は今や，旅と風呂が好きだ[6]。風呂の中でじっくりと凝り固まった体をほぐしながら，しっかりと思索を練って，次にPCに向かうときはすぐにコードが書けるようにいろいろと考える時間が好きだ。旅行にも意味を見出し始めた。本やPCにさわれないところに行くからこそ，人と会い，その土地の食べ物を食べ，酒を飲んでリフレッシュする時間を楽しんでいる。もしかすると，昔のようにパソコンの中だけで完結する世界ではなく，PCと私のモデルとデータを取り巻くすべてを見渡して，愛おしく思える転換点にきたのかもしれない。自らの感覚でさえ成長とともに変化し，経験とともにものの見え方が変わる。人間の認知というのも，それまでの考え方に経験を加えて更新していくものであり，人は皆ベイジアンなのである。

## 7.6 まとめ

この章では個人的な理解の仕方，世界の捉え方を，モデリングの手法を用いて表現することを考えてみた。本章のモデルのように探索的に潜在的な座標を探るようなアプローチは，モデリングの発想からは少し外れたところにあるともいえる。モデリングの世界は，データが生み出されるメカニズムを設計して再現してみせ，予測的妥当性を背景に理論を検証していくことが利点の1つだからだ。そういった意味では，探索的なアプローチとベイジアンモデリングは，必ずしも相性のよいものではない。しかしモデリングすることで，しっかり設計し，制約やさらなる構造を追加していくことで，探索的にしかわからないことにも応用できる一例とみていただければ幸いである[7]。

---

6）執筆時点で筆者は40代男性である。

7）より進んだ探索的INDSCALの例として，たとえばOkada, K., & Lee, M. D. (2016). A Bayesian approach to modeling group and individual differences in multidimensional scaling. *Journal of Mathematical Psychology*, **70**, 35–44をあげておく。

## 7.7 付録

INDSCAL のモデリングコード，主要部分。Stan コードの全体像を確認する場合には，Web ページにあるサンプルデータの stan ファイルを参照してほしい。

```
parameters{
  vector[(I-4)] raw_lambda[2];         //制約のない座標パラメータ
  real < lower = 0,upper = 5 > fix_x1;   //第一象限に限定
  real < lower = 0,upper = 5 > fix_y1;
  real < lower =-5,upper = 0 > fix_x2;   //第二象限に限定
  real < lower = 0,upper = 5 > fix_y2;
  real < lower =-5,upper = 0 > fix_x3;   //第三象限に限定
  real < lower =-5,upper = 0 > fix_y3;
  simplex[G] w0[2];
  real < lower = 0 > sig;
}
transformed parameters{
  vector[G] w[2];
  vector[I] const_lambda[2];       //制約を入れたパラメータセット
  vector[I] lambda[2];             //最終的に推定する座標セット

  const_lambda[1,1] = fix_x1;      //第一象限に限定
  const_lambda[2,1] = fix_y1;
  const_lambda[1,2] = fix_x2;      //第二象限に限定
  const_lambda[2,2] = fix_y2;
  const_lambda[1,3] = fix_x3;      //第三象限に限定
  const_lambda[2,3] = fix_y3;
  const_lambda[1,4:(I-1)] = raw_lambda[1,];  //それ以外は制約のないパラメータを代入
  const_lambda[2,4:(I-1)] = raw_lambda[2,];
  const_lambda[1,I] = 0 - sum(const_lambda[1,1:(I-1)]); //原点を固定
  const_lambda[2,I] = 0 - sum(const_lambda[2,1:(I-1)]); //原点を固定

  lambda[1,] = const_lambda[1,]/(sqrt(dot_self(const_lambda[1,]))); //ノルムを整える
  lambda[2,] = const_lambda[2,]/(sqrt(dot_self(const_lambda[2,])));

  for(g in 1:G){
    for(j in 1:2){
      w[j,g] = w0[j,g]*G;
    }
  }
}
```

# 第8章
# 傾いた文字は正しい文字か？　鏡文字か？
## ——心的回転課題の反応時間を説明する混合プロセスモデル——

心理学の一分野である認知心理学は，人の心を情報処理システムとみなし，そのメカニズムの解明を目指す研究分野である。本章では，認知心理学の分野において古くから研究されてきた「心的回転」と呼ばれる認知プロセスに関するベイズ推定の適用例を紹介する。

## 8.1　心的回転とは

突然だが，犬が舌を出している姿を思い浮かべてほしい。猫派の読者は猫がこたつで丸くなっている様子を浮かべてくれてもかまわない[1]。おそらく容易に犬（もしくは猫）の姿を想像できたであろう。このように私たちは，目の前に実際には存在しないものについての**心的イメージ**（mental imagery）を頭の中に思い描くことができる。この心的イメージは単なる静止画のようなものではなく，自らの意思で操作を加えることもできる。たとえば，頭に浮かべたイメージを時計回りに回転させてみてほしい。できただろうか？　Shepard & Metzler (1971)[2] は，人が心的イメージの回転すなわち**心的回転**（mental rotation）を実行できることを巧妙な実験によって明らかにした。

Shepard & Metzler (1971) は，図8.1aや図8.1bのような立方体から構成された物体の画像のペアを実験参加者に提示し，2つの物体が同一の物体なのか異なる物体なのかを判断させた。この実験では2つの物体の向きが様々に操作された。たとえば，図8.1aと図8.1bでは左側の物体は同一であるが，右側の物体は左側の物体を時計回りにそれぞれ60°・200°回転させたものである。左側の画像の向きを0°とした時の右側の画像の向き（時計回りの回転角度）を横軸に，実験参加者が回答に要した時間すなわち**反応時間**（response time; RT）の平均値を縦軸にプロットしたものが図8.1cである[3]。グラフは$x = 180°$を対称軸と

1）ちなみに筆者は猫派である。
2）Shepard, R. N., & Metzler, J. (1971). Mental rotation of three-dimensional objects. *Science*, **171**, 701-703.
3）グラフ中の0°と360°のデータは同一である。これ以降のグラフも同様。

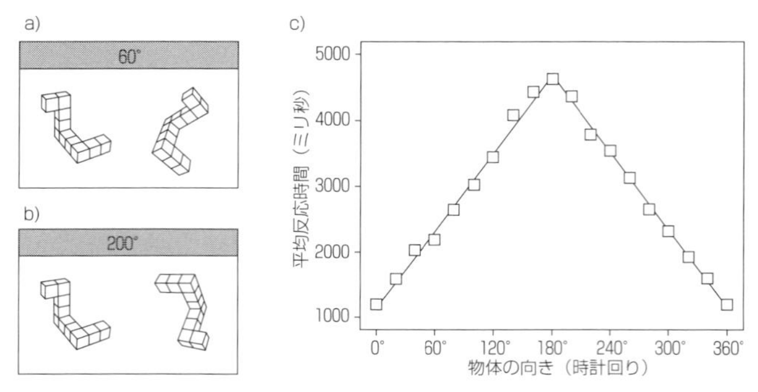


図 8.1　典型的な心的回転実験（Shepard & Metzler, 1971 を参考に作成）

する左右対称の形となり，反応時間は画像の向きが 0°（＝360°）から 180°に近づくにつれて線形に増加することが確認できる。この結果は，どちらか一方の物体のイメージを，もう一方の物体と同じ向きになるまで最短経路で心的回転した結果を反映したものであると考えられている[4]。

この実験結果から，心的回転実験で得られる反応時間の予測値は，2つの物体の角度差（最短角距離；0−180°）の一次関数として

$$\widehat{RT} = base + rate \times Angle \tag{8.1}$$

と表現できることがわかる。ここで，$\widehat{RT}$は反応時間の予測値，*Angle* は2つの物体の角度差，*base* はグラフの $y$ 切片，*rate* はグラフの傾きを表す[5]。傾きを表す *rate* パラメータはイメージを 1°回転するのに要する時間，切片を表す *base* パラメータは心的回転以外の基本的な処理（e.g., 提示された画像の符号化や反応動作）に要する時間を反映したものとして解釈できる[6]。

4）最近の総説として，Searle, J. A., & Hamm, J. P. (2017). Mental rotation: An examination of assumptions. *Wiley Interdisciplinary Reviews: Cognitive Science*, **8**, e1443.

5）本章では観測データを表す変数名は大文字から開始し（e.g., *Angle*），データから推定されるパラメータを表す変数は小文字のみで表記する（e.g., *base*, *rate*）。また，モデルから予測される反応時間の代表値は一貫して$\widehat{RT}$と表記する。

6）Just, M. A., & Carpenter, P. A. (1985). Cognitive coordinate systems: Accounts of mental rotation and individual differences in spatial ability. *Psychological Review*, **92**, 137-172.

## 8.2　傾いた文字の正像・鏡像判断

心的回転は，より身近な対象物である文字に対しても行われる。Cooper & Shepard（1973）[7] は，実験参加者に図8.2aや図8.2bのような傾いた文字を提示し，その文字が正しい文字（正像）であるか，左右が逆さまの鏡文字（鏡像）であるかの判断を求めた。文字の向き（時計回りの角度）を横軸に，平均反応時間を縦軸にプロットすると，図8.2cのようなパターンが得られる。前節で示したShepard & Metzler（1971）の結果と同様，グラフは$x = 180°$を対称軸とする左右対称の形となり，反応時間は文字の向きが0°（＝360°）から180°に近づくにつれて単調に増加することが確認できる。この結果は，提示された文字が正しい向き（0°の向き）になるように頭の中でイメージを回転させ，回転し終えたイメージが正しい文字と一致すれば正像，一致しなければ鏡像であると判断を下すという認知プロセスを反映したものであると考えられている。

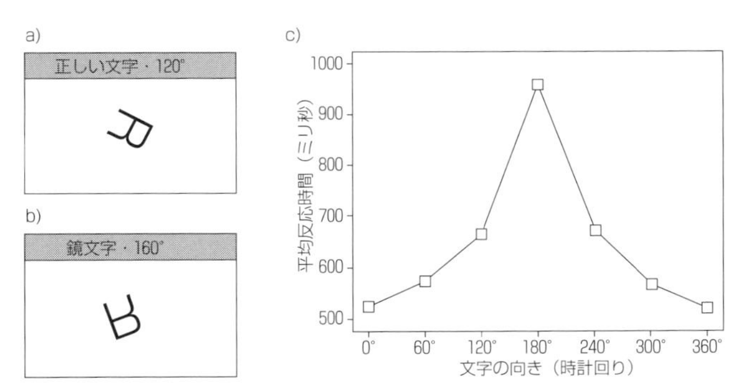


図8.2　傾いた文字の正像・鏡像判断実験（Cooper & Shepard, 1973を参考に作成）

しかし，文字の正像・鏡像判断実験で得られる反応時間のパターン（図8.2c）は，前節で紹介した2つの物体の異同判断実験で得られる反応時間のパターン（図8.1c）とは異なり，グラフが湾曲していることがわかる。したがって，前節の（8.1）式に示したような一次式ではこの結果を説明することができない。それでは，この湾曲したグラフをどのように説明したらよいのであろうか。

本章の目的は，傾いた文字の正像・鏡像判断実験で得られる湾曲した反応時間

7）Cooper, L. A., & Shepard, R. N.（1973）. Chronometric studies of the rotation of mental images. In W. G. Chase（Ed.）, *Visual information processing*. New York: Academic Press. pp. 75–176.

のパターンをモデル化し，そのモデルを実際に得られた実験データに適用することである。また，本章では反応時間の代表値（e.g., 平均値）を予測するだけでなく，ローデータが持つばらつき（ノイズ）や反応時間のパターンの個人差も表現できるようなモデルの構築を目指す。

## 8.3　混合プロセスモデル

傾いた文字の正像・鏡像判断実験において，文字の向きと反応時間との間に線形の関係性が見られないのはなぜなのだろうか。Cooper & Shepard（1973）は1つの説明として，文字の傾きがわずかなときには心的回転が行われない場合がある可能性を指摘している。私たちは普段から少し傾いた文字を読むことに慣れているため，文字の傾きが小さいときには心的回転を実行せずとも正像か鏡像かを判断できるという理屈である。この説明の肝は，傾いた文字が正像か鏡像かを判断する際に，心的回転が行われるプロセス（以下，回転プロセスと呼ぶ）と心的回転が行われないプロセス（以下，非回転プロセスと呼ぶ）の少なくとも2種類の認知プロセスが用いられるという点にある。Hamm ら（Kung & Hamm, 2010[8]; Searle & Hamm, 2012[9]）はこの考えを基に**混合プロセスモデル**（mixture process model）を定式化し，湾曲した反応時間パターンの説明を試みた。この混合プロセスモデルでは以下の5つの仮定を置く[10]。

1. 回転プロセスに要する時間は回転角度（0°までの最短角距離）の一次関数で表現できる。
2. 非回転プロセスに要する反応時間は文字の向きによらず一定となる。
3. 文字の向きが0°のときには心的回転は全く行われない。
4. 文字の向きが180°のときには常に心的回転が行われる。
5. 回転プロセスが用いられる割合（混合率）は，文字の向きが0°（＝360°）から180°に近づくにつれて単調に増加する。

8）Kung, E., & Hamm, J. P.（2010）. A model of rotated mirror/normal letter discriminations. *Memory & Cognition*, **38**, 206-220.

9）Searle, J. A., & Hamm, J. P.（2012）. Individual differences in the mixture ratio of rotation and nonrotation trials during rotated mirror/normal letter discriminations. *Memory & Cognition*, **40**, 594-613.

10）Kung & Hamm（2010）は文字が正像の場合と鏡像の場合の反応時間の差に関する仮定も置いているが，本章では簡単のため割愛した。また，ここであげている5番目の仮定は，原著では明示されていないがわかりやすさのために筆者が加えたものである。

これらを数式に翻訳しよう。まず，仮定1，2より，回転プロセスに要する時間 $time_{rot}$ と非回転プロセスに要する時間 $time_{nonrot}$ は以下のように表せる。

$$time_{rot} = base + rate \times Angle \tag{8.2}$$

$$time_{nonrot} = base \tag{8.3}$$

ここで，*Angle* は文字の回転角度（0°までの最短角距離；0−180°），*rate* は1°の心的回転に要する時間，*base* は心的回転以外の処理に要する時間を表す。ちなみに（8.2）式は（8.1）式と同一である。回転プロセスと非回転プロセスの混合によって生成される反応時間の予測値 $\widehat{RT}$ は，

$$\widehat{RT} = p \times time_{rot} + (1-p) \times time_{nonrot} \tag{8.4}$$

と表現される。ここで，$p$ は**混合率**（mixture ratio）と呼ばれるパラメータで，ある試行において回転プロセスが用いられる割合を表す。余事象の（$1-p$）は非回転プロセスが用いられる割合を表す。仮定3－5より，混合率は文字の向きの関数で，文字の向きが180°に近づくにつれて単調に増加し，0°のときに最小値0，180°のときに最大値1をとる。Searle & Hamm（2012）はこの条件を満たす関数として

$$p = \left(\frac{Angle}{180^\circ}\right)^{expo} \tag{8.5}$$

という冪関数を提案している（図8.3）。ここで，指数部分の *expo* は，文字の傾きの増大に伴って混合率がどのように増加するのかを表現する非負のパラメータであり，*expo* = 1のとき混合率は角度と正比例する。*expo* が0に近いほど文字

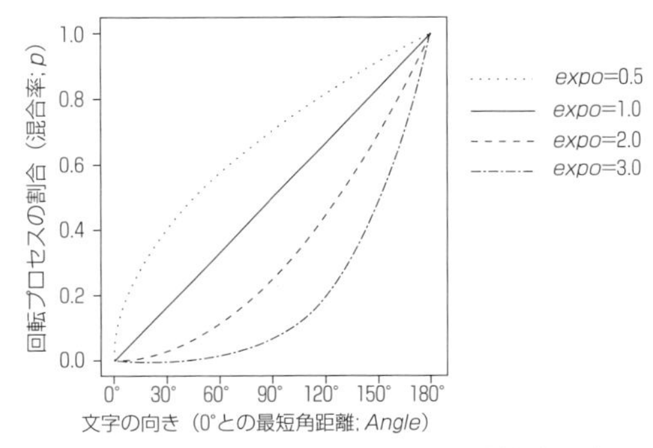


図8.3　回転プロセスの割合と文字の向きの関係を表現する冪関数

の傾きが小さいときにも回転プロセスが用いられやすいことを表し，*expo* が大きいほど文字の傾きが小さいときに非回転プロセスが用いられやすいことを表す。

以上の（8.2）式～（8.5）式を1つにまとめると，

$$\widehat{RT} = base + rate \times Angle \times \left(\frac{Angle}{180^\circ}\right)^{expo} \tag{8.6}$$

と書くことができる。この混合プロセスモデルを用いることで，文字の正像・鏡像判断実験で得られる反応時間の予測値を3つのパラメータ *base*，*rate*，*expo* で表現することができる。

## 8.4　指数－正規分布でノイズを表現する

前節では反応時間の予測値（平均値などの代表値）を表現するモデルを紹介したが，実験で実際に得られるローデータにはノイズが含まれる。ここではノイズをモデルで表現する方法について考えてみよう。$t$ 検定や回帰分析などの伝統的な統計モデルでは，ノイズの分布として正規分布が仮定されることが多い。しかし，反応時間データは一般的には正規分布に従わず，右側に裾の長い歪んだ分布になることが知られている。図8.4は筆者が過去に実施した実験から得られた反応時間データの実際の分布である[11]。この図を見ても，反応時間データのノイズ

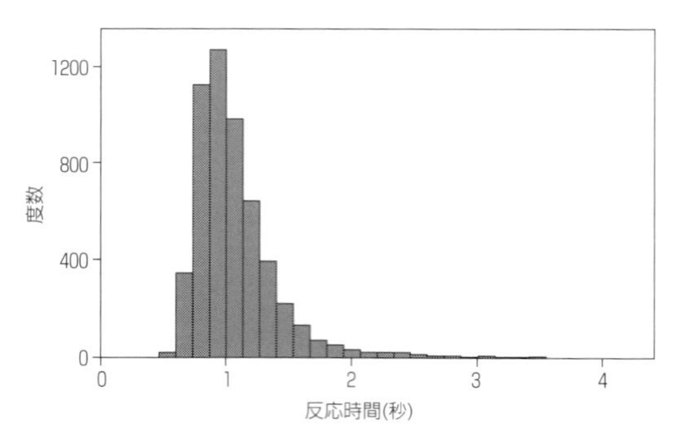


図8.4　反応時間データの分布の例

11）Muto, H., Matsushita, S., & Morikawa, K.（2018）. Spatial perspective taking mediated by whole-body motor simulation. *Journal of Experimental Psychology: Human Perception and Performance*, **44**, 337-355 の Experiment 1 で得られたローデータの分布。

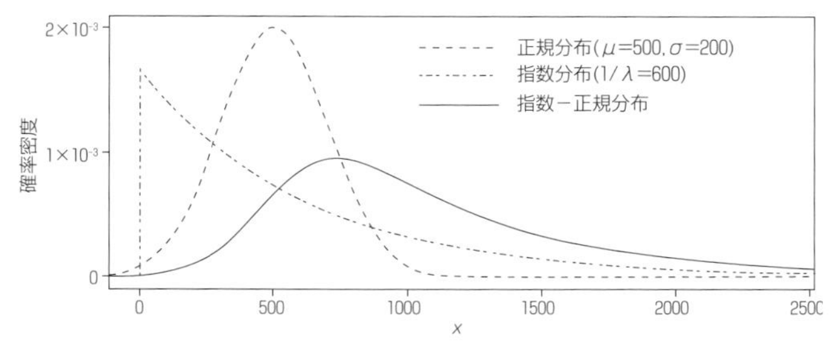


図 8.5　指数－正規分布の説明

に正規分布を仮定するのは適切ではなさそうである。

反応時間データのフィッティングによく用いられる理論分布としては**指数－正規分布**（ex-Gaussian distribution）があげられる。指数－正規分布は正規分布と指数分布の確率変数の和の分布（図 8.5）であり，確率密度関数は

$$\mathrm{ExpModNormal}(x \mid \mu, \sigma, \lambda) = \frac{\lambda}{2}\exp\left(\lambda\mu + \frac{\lambda^2\sigma^2}{2} - \lambda x\right)\mathrm{erfc}\left(\frac{\mu + \lambda\sigma^2 - x}{\sqrt{2}\sigma}\right) \tag{8.7}$$

と表される[12]。指数－正規分布は正規分布のパラメータ $\mu$，$\sigma$ と指数分布のパラメータ $\lambda$ をそのまま引き継いでいるためパラメータの解釈がしやすいのが特徴である。なお，$\lambda$ は非負の値をとるパラメータで，分布の右側に延びる裾の重さに対応し，$\lambda$ の逆数をとった $1/\lambda$ は指数分布の平均と一致する。ここでは $\mu$ に，混合プロセスモデルによって説明される反応時間の予測値 $\widehat{RT}$ を代入し，反応時間のローデータ $RT$ を

$$RT \sim \mathrm{ExpModNormal}(\widehat{RT}, \sigma, \lambda) \tag{8.8}$$

と表現することにする[13]。これにより，ローデータに含まれるノイズを 2 つのパラメータ $\sigma$，$\lambda$ を用いて表現することができる。

---

12）$\mathrm{erfc}(x)$ はガウスの相補誤差関数で，$\mathrm{erfc}(x) = \frac{2}{\sqrt{\pi}}\int_x^{+\infty}\exp(-t^2)dt$ である。

13）$\mu$ は分布を足し合わせる前の正規分布の平均なので，指数－正規分布の平均 $\mu+1/\lambda$ とは一致しない（図 8.5 参照）。もし指数－正規分布の平均を $\widehat{RT}$ と考えるのであれば $\mu = \widehat{RT} - 1/\lambda$ と置いて推定すればよい。また，ここではモデルを単純にするために $\sigma$ と $\lambda$ が文字の向きの影響を受けないことを仮定しているが，もちろん $\sigma$ や $\lambda$ を説明するモデルを考えることもできる。

## 8.5 階層ベイズモデルで個人差を表現する

ここまでの節で，5つのパラメータ *base*，*rate*，*expo*，$\sigma$，$\lambda$ を用いて反応時間の予測値とローデータに含まれるノイズを表現する準備が整った。次に個人差について考えよう。実験参加者が $N$ 人いれば，その中には心的回転が得意な人もいれば苦手な人もいるであろうし，回転プロセスに頼りがちな人もいれば非回転プロセスに頼りがちな人もいるはずである。このような十人十色ならぬ $N$ 人 $N$ 色の個人差を表現するために，各パラメータの個人差が正規分布に従うことを仮定した**階層ベイズモデル**（hierarchical Bayesian model）を本章では使用する。

まず，$i$ 番目の実験参加者のパラメータを要素に持つベクトル $\boldsymbol{local}_i$ を

$$\boldsymbol{local}_i = \{base_i,\ rate_i,\ \log expo_i,\ \sigma_i,\ \log \lambda_i\} \tag{8.9}$$

と置く[14]。ここで，指数部分を表す2つのパラメータ *expo*，$\lambda$ に関しては扱いやすいように対数変換したものを使用する。続いて，5つのパラメータの参加者間平均 $\mu$ を

$$\mu = \{\overline{base},\ \overline{rate},\ \log \overline{expo},\ \bar{\sigma},\ \log \bar{\lambda}\} \tag{8.10}$$

と置く。さらに，各パラメータの個人間のばらつきとパラメータ間の相関関係（e.g., *base* が高い人は *rate* も高いか）を表現するための分散共分散行列

$$\boldsymbol{cov} = \begin{bmatrix} S_{11} & \cdots & S_{15} \\ \vdots & \ddots & \vdots \\ S_{51} & \cdots & S_{55} \end{bmatrix} \tag{8.11}$$

を考える。最後に，各実験参加者のパラメータ $\boldsymbol{local}_i$ が，$\mu$ と $\boldsymbol{cov}$ をハイパーパラメータとする多変量正規分布に従うとみなし，

$$\boldsymbol{local}_i \sim \mathrm{MultiNormal}(\mu,\ \boldsymbol{cov}) \tag{8.12}$$

と置く。これにより，パラメータの個人差とパラメータ間の相関関係を多変量正規分布で表現することができる。

14）本章では非スカラー（ベクトルや行列）を表す変数を太字で表記する。

さらに，先行研究（Kung & Hamm, 2010; Searle & Hamm, 2012）の結果から $\overline{expo} \cong 1.00$ であることがわかっているため，$\log \overline{expo}$ の事前分布として

$$\log \overline{expo} \sim \text{Normal}(0, 1) \tag{8.13}$$

という弱情報事前分布を与えることにする[15]。このようにベイズ推定の枠組みでは，既にわかっている情報を事前分布としてモデルに反映させることができる。

## 8.6　データの収集と分析の実行

これでいよいよ，傾いた文字の正像・鏡像判断実験で得られる反応時間データを説明するための武器は出揃った。では，実際にこのモデルを実験データに適用してパラメータをベイズ推定してみよう。

データを収集するために，12 名の大学生・大学院生（男性 6 名・女性 6 名，平均年齢 21.6 歳，範囲は 20－25 歳，全員右利き）を対象に文字の正像・鏡像判断実験を実施した。実験では「F」「G」「R」の 3 種類の文字を使用した。いずれかの文字の正像または鏡像を，0－359°（1°刻み）[16] のいずれかの向きでランダムに液晶ディスプレイ上に提示した。実験参加者の課題は，提示された文字が正像であるか鏡像であるかをなるべく速く正確にキー押しで回答することであった。実験参加者 1 人あたりの試行数は 100 試行 × 10 ブロックの合計 1,000 試行であり，試行ごとに反応の正誤と反応時間が記録された。

全試行のうち，正答かつ反応時間が 200－5,000 ミリ秒の範囲に収まった試行のみを分析対象とした（全試行の 93.4%）。パラメータの推定には Stan を使用し，ハミルトニアンモンテカルロ法で事後分布からの乱数を得た。長さ 4,500 のチェインを 4 本発生させ，バーンイン期間を 500 とし，得られた 16,000 個の乱数を用いて事後分布を近似した。どのパラメータの $\widehat{R}$ も 1.01 を下回ったため，

---

15）Searle & Hamm（2012）で報告されている *expo* パラメータの値（$N = 24$）を用いて計算すると，$\log \overline{expo}$ の標準偏差は約 0.05 と推定される。本章では事前分布の標準偏差としてそれよりも大きな値の 1.00 を指定することで，事前知識の寄与の重みを控えめに設定した。

16）従来のほとんどの研究は，角度を 30°や 45°などの刻み幅で操作し，得られたデータを角度ごとに平均した値を分析の対象としている。この理由の 1 つとして，分散分析や $t$ 検定のような伝統的な枠組みに落とし込むために，角度を連続変数ではなくカテゴリー変数として扱う必要があったことがあげられる。今回のようなモデリングの枠組みでは角度を連続変数のまま扱うため，角度を 1°刻みで操作しても問題なく分析ができる。

事後分布に収束したと判断した。

## 8.7　推定結果

今回のモデルではパラメータの事後分布は必ずしも左右対称の分布とはならないため，事後分布の点推定値としてMAP，確信区間として**最高密度区間**（highest density interval; 以下 **HDI**）を使用した。表8.1は集団レベルのパラメータの事後分布に関する要約統計量を示す。$\overline{\lambda}$パラメータに関しては，指数分布の平均として解釈できるように逆数をとった値の推定値を示した。この表から，たとえば1°の心的回転に要する時間の参加者間平均（$\overline{rate}$）は約1.06ミリ秒（95% HDI［0.65, 1.42］）で，*rate*パラメータの個人間のばらつきを表す標準偏差（$\sigma_{rate}$）は約0.58（95% HDI［0.39−0.98］）と推定されたことがわかる。また，表8.1には記載していないが，*base*の値が大きい参加者は*rate*の値も大きい傾向がある（$r=$ .52, 95% HDI［.00, .87］）といったパラメータ間の相関係数に関する推定結果も出力できる。

実験参加者ごとに推定されたパラメータの事後分布のMAPを表8.2に示す。また，実験参加者ごとの反応時間データと，モデルから推定されたデータの事後予測分布を図8.6に示す。グラフ中の灰色の点は各試行における反応時間のローデータをプロットしたものである。紙面の都合上，反応時間が2,000ミリ秒よりも長いデータはグラフ中には表示していない。黒色の実線は事後予測分布のMAP，濃い帯は50% HDI，薄い帯は95% HDIを表している。少なくともグラフを見る限り，本章で紹介したモデルは反応時間の個人差やノイズをそれなりにうまく説明できているように見受けられる。たとえば，1番目の実験参加者は他の実験参加者と比べて全体的に反応時間が短く，試行間での反応時間のばらつき（ノイズ）も小さいが，これらに関連するパラメータのMAPも参加者間平均よ

表8.1　集団レベルのパラメータの事後分布に関する要約統計量（MAPと95% HDI）

| 参加者間平均 | | | | 参加者間標準偏差（個人差の程度） | | | |
|---|---|---|---|---|---|---|---|
| パラメータ | MAP | 下限 | 上限 | パラメータ | MAP | 下限 | 上限 |
| $\overline{base}$ | 435.76 | 416.78 | 450.58 | $\sigma_{base}$ | 25.70 | 15.97 | 42.91 |
| $\overline{rate}$ | 1.06 | 0.65 | 1.42 | $\sigma_{rate}$ | 0.58 | 0.39 | 0.98 |
| $\overline{expo}$ | 0.86 | 0.41 | 1.22 | $\sigma_{\log expo}$ | 0.49 | 0.11 | 1.27 |
| $\overline{\sigma}$ | 47.31 | 38.75 | 58.34 | $\sigma_{\sigma}$ | 15.31 | 10.15 | 26.10 |
| $1/\overline{\lambda}$ | 225.22 | 154.00 | 299.18 | $\sigma_{\log \lambda}$ | 0.48 | 0.33 | 0.88 |

表 8.2　実験参加者ごとに推定されたパラメータの MAP

| ID | *base* | *rate* | *expo* | $\sigma$ | $1/\lambda$ |
|---|---|---|---|---|---|
| 1 | 408.45 | 0.69 | 0.97 | 27.44 | 89.10 |
| 2 | 397.88 | 0.71 | 0.57 | 29.45 | 330.49 |
| 3 | 439.78 | 1.45 | 0.89 | 55.44 | 427.42 |
| 4 | 437.53 | 0.15 | 0.47 | 45.53 | 295.28 |
| 5 | 414.15 | 0.98 | 1.12 | 54.63 | 311.79 |
| 6 | 465.58 | 1.67 | 1.03 | 59.76 | 170.70 |
| 7 | 417.18 | 0.58 | 0.77 | 57.35 | 265.08 |
| 8 | 472.39 | 2.23 | 1.27 | 72.83 | 262.25 |
| 9 | 429.73 | 0.73 | 0.45 | 46.32 | 217.91 |
| 10 | 459.56 | 1.34 | 1.23 | 63.83 | 190.15 |
| 11 | 426.94 | 0.54 | 0.50 | 34.50 | 131.98 |
| 12 | 442.13 | 1.28 | 1.01 | 32.30 | 157.79 |

り小さな値を示していることが表 8.2 から確認できる。

*expo* パラメータに関しては，8 番目の実験参加者で最も大きく（$expo_8 = 1.27$），9 番目の実験参加者で最も小さい（$expo_9 = 0.45$）。この結果から，8 番目の実験参加者は文字の傾きが比較的小さいときに非回転プロセスを相対的によく用いるが，9 番目の実験参加者は文字の傾きが小さくても回転プロセスに頼りがちな傾向があると考察することができる。このようなパラメータの推定結果を利用して，たとえば他の認知課題の成績や実験参加者の特性などの他の変数との関連を検証すれば，方略の個人差が生じる理由に関する新たな知見を獲得できるかもしれない。それができれば，個人差の生成メカニズムを説明できるような新たなモデルの構築に繋がる可能性も開けるだろう。

## 8.8　まとめ

本章では，傾いた文字の正像・鏡像判断実験の反応時間データを説明するモデルを紹介し，そのモデルを実際に収集した実験データに適用してパラメータのベイズ推定を行った。改めてモデリングの流れを振り返ってみよう。まず，先行研究の理論的な考察を踏まえたうえで，回転プロセスと非回転プロセスの混合を想定する混合プロセスモデルを援用し，反応時間の予測値の説明を試みた。続いて指数 – 正規分布を利用して，反応時間のローデータに含まれるノイズの説明を試みた。さらに階層ベイズモデルを適用し，実験参加者間の個人差を表現できるようにモデルを拡張した。また，先行研究から既にわかっている情報を利用してパ

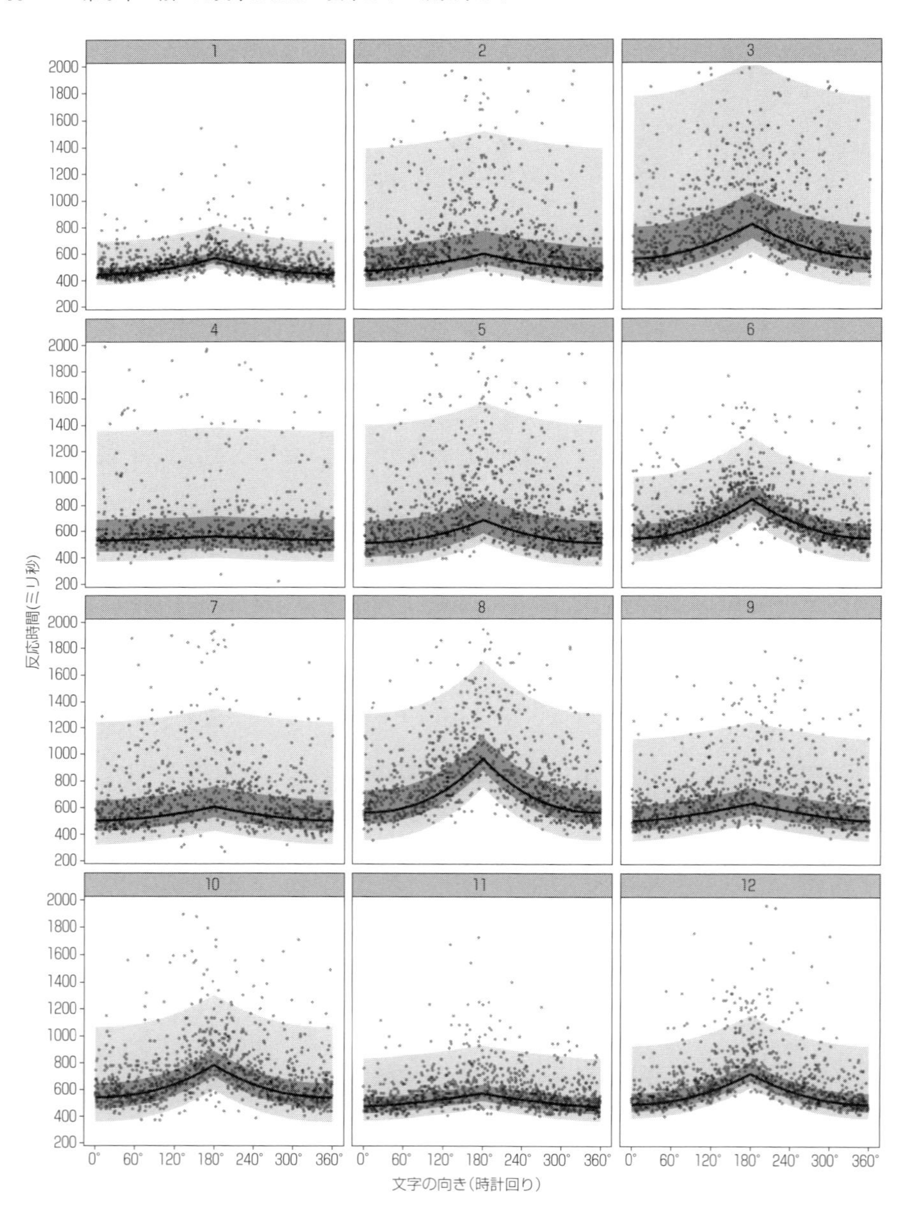


図 8.6　実験参加者 12 名分の反応時間データおよび事後予測分布（黒線：MAP，濃い帯：50% HDI，薄い帯：95% HDI）

ラメータの事前分布も設定した。そして最後にこのモデルを実際のデータに適用し，推定されたパラメータから個人ごとの傾向に関する情報を引き出せることや，事後予測分布で反応時間のローデータをうまく説明できることを示した。

ただし，ここで紹介したモデルが最良のモデルであるとは限らないという点には留意が必要である。たとえば今回のモデルでは（8.5）式の冪関数を用いて混合率と文字の向きの対応関係を表現したが，2つのパラメータを持つ累積ベータ分布関数を用いたほうが個人差をより豊かに表現できるかもしれない。また，反応時間のノイズに関しても，指数－正規分布によるフィッティングではなく，Drift Diffusion モデル[17] や Linear Ballistic Accumulator モデル[18] のような理論的に導出されたモデルを用いて表現したほうが，実際の認知プロセスをうまく反映したモデルに近づくかもしれない。分析の目的に照らしながら，より納得のいくモデルを目指して試行錯誤するのもモデリングの醍醐味である。

本章で使用したデータはWebページにあるサンプルデータに同封されているので，読者の皆様も自身の手でモデリングにチャレンジしてみてはいかがだろうか。同封のデータには，実験参加者の性別，試行の順序，文字が正像・鏡像のどちらであったかといった，本章の分析には用いなかった変数も含まれているので，これらもぜひ活用してみてほしい。読者の皆様にベイジアンモデリングの柔軟さと楽しさを少しでもお伝えできたのであれば筆者としては幸いである。

## 8.9　付録

本章で紹介したモデルを実装するためのStanコードのモデル記述部は以下の通りである。Stanコードの全貌はWebページにあるサンプルデータに含まれるstanファイルで確認できる。

---

17）Ratcliff, R., & McKoon, G.（2008）. The diffusion decision model: Theory and data for two-choice decision tasks. *Neural Computation*, **20**, 873–922.

18）Brown, S. D., & Heathcote, A.（2008）. The simplest complete model of choice reaction time: Linear ballistic accumulation. *Cognitive Psychology*, **57**, 153–178.　日本語で書かれたわかりやすい解説として，国里愛彦（2016）．RStanによる反応時間の解析：Linear Ballistic Accumulator modelを用いて（https://ykunisato.github.io/lbaStan/lbaStan.html）がある。

```
model {
  //generation of local parameters from global parameters
  for (np in 1:NP) local[np,] ~ multi_normal(m,cov);

  //model
  for (n in 1:N){
    RT[n] ~ exp_mod_normal(
      base[Par[n]] + rate[Par[n]] * Angle[n] *
      ((Angle[n]/180)^expo[Par[n]]),
      sigma[Par[n]], lambda[Par[n]]
      );
  }
  //prior
  rho ~ lkj_corr(1); //uninformative prior
  m_log_expo ~ normal(0,1); //weakly informative prior
}
```

# 第9章

# 己の「歌唱力」を推定する

## ——カラオケ採点データを用いたベイズ統計モデリング——

筆者はカラオケが好きだ。友人と一緒に歌うことも好きだが，いわゆる一人カラオケが特に好きだ。誰にも気兼ねせず，歌いたい曲だけを自由に歌うことができるからだ。ところが，とあるカラオケ採点の得点を競い合うテレビ番組で，100点が出たのを見て以来，筆者のカラオケの楽しみ方が変わった。自分の歌いたいように歌うのではなく，カラオケ採点システムを「倒す」ために歌うようになった。長い道のりだったが，同じ曲だけを延々と歌い続け，96回の挑戦の末に初めて100点を取ることができた。

それからも様々な曲に挑戦し続けた。そしてそのたびにデータが蓄積されていった。そう，カラオケ「採点」の名の通り，歌唱結果は数値で返されるのである。本章では，株式会社第一興商が提供するDAMシリーズの採点システムを例にあげる。筆者が採点を行っていた2016年当時に最新であったLIVE DAM STADIUMは，ビブラートや音程等の様々な歌唱パラメータから決定される素点に加えてボーナス点が存在し，それらの合計点が最終的な得点（以下，総合得点）として算出される。したがって，仮に素点が98点だとしても，2点のボーナス点が得られたとしたら，最終得点が100点に達することも可能である。

## 9.1　平均得点の推定

ある曲の総合得点の推移を図9.1に示した。なおこの曲は1日で100点を取ったため，全7試行の歌唱環境は統制されている。筆者はこの曲で，平均的に何点取れたのだろうか。

単純に7試行の総合得点の平均値を算出したくなるところだが，実は少々やっかいな事情がある。表9.1をよく見てほしい。筆者は2016年4月から12月まで採点に熱中し，この期間に9曲で100点を取ったのだが，いずれの曲も素点とボーナス点の合計がぴったり100点になっている。

これは偶然ではなく，総合得点の上限が100点になるように，ボーナス点が調整されていると考えたほうが自然だろう。つまり，本当は総合得点が101点や102点に至っていたかもしれないのに，歌唱者はその「真の総合得点」を知りえ

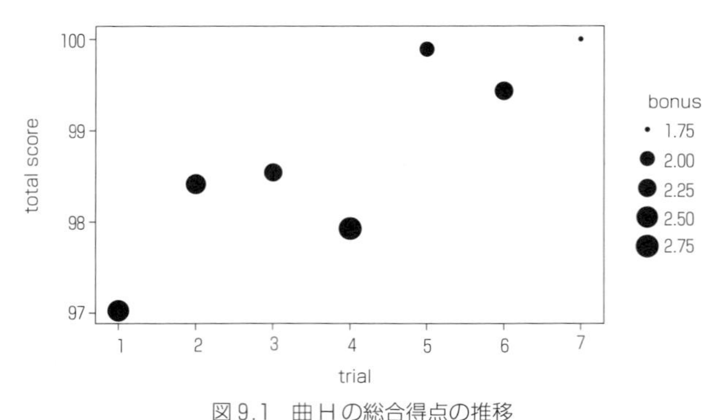


図9.1　曲Hの総合得点の推移

散布された各点の大きさはボーナス点を反映している。

表9.1　100点を獲得した場合における素点とボーナス点

| 総合得点 | 素点 | ボーナス点 |
|---|---|---|
| 100 | 98.882 | 1.118 |
| 100 | 98.817 | 1.183 |
| 100 | 98.713 | 1.287 |
| 100 | 98.441 | 1.559 |
| 100 | 98.678 | 1.322 |
| 100 | 98.591 | 1.409 |
| 100 | 98.570 | 1.430 |
| 100 | 98.355 | 1.645 |
| 100 | 98.267 | 1.733 |

ないのだ。このような状況は，上限打ち切り（right-censored）と呼ばれる。特に今回のようにデータの総数が少ない状況ほど，上限打ち切りされたデータを用いて平均値を求めると，「真の総合得点」を用いて算出した場合に比べて，平均値や標準偏差が過小推定されてしまうことだろう。Stan Development Team (2017)[1]が作成したマニュアルには，このような状況に対応するための方法が紹介されている。

### 9.1.1　対策1：打ち切られた「真の総合得点」を推定する

まず上限打ち切りされた「真の総合得点」を推定して補完することを試みる。ここで，筆者は歌唱の反復により疲労も学習もせず，各試行の総合得点は独立に

1）Stan Development Team（2017）. Stan Modeling Language Users Guide and Reference Manual, Version 2.17.0.（http://mc-stan.org） pp. 188-190.

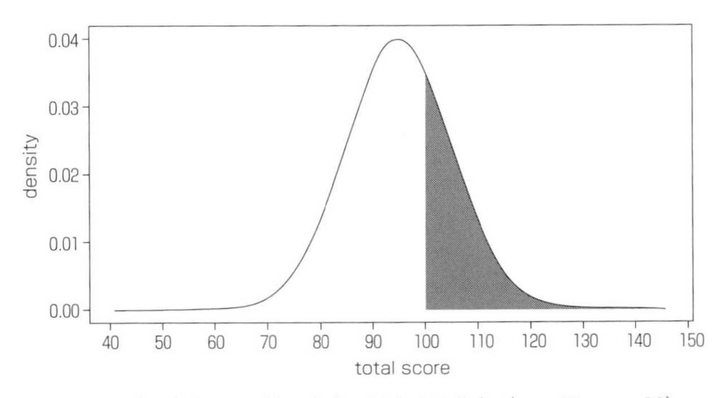


図 9.2 (9.1)式および(9.2)式で想定する分布（$\mu = 95$, $\sigma = 10$）

得られたと強い仮定を置くことにする。今回の曲，今回の歌唱環境，今回の歌唱者により生成される総合得点は，その日一日変化しない平均$\mu$，標準偏差$\sigma$の正規分布に従うと考える。仮に推定されたパラメータが$\mu = 95$, $\sigma = 10$であったとすると，正規分布の形状は図 9.2 のようになる。6 試行の「打ち切られていない部分」のデータ $Y$ は，この正規分布から生成されたと考えられるため，以下の確率モデルで表すことができる。

$$Y[n] \sim Normal(\mu, \sigma) \qquad n = 1, \cdots, 6 \tag{9.1}$$

一方，打ち切られた真の総合得点$y_{cens}$も，これらの$\mu$と$\sigma$を共有する正規分布から生成されたと考える。ただし$y_{cens}$の下限は 100 点であるため，$y_{cens}$は図 9.2 の正規分布のうち灰色の部分から生成されたと考える。この灰色の部分は，面積が 1 になるように拡大すると，切断正規分布と呼ばれる分布となる。今回は打ち切られた試行は 1 試行しかなかったため，$y_{cens}$を下限 100 の切断正規分布から生成された未知の得点とみなすと，確率モデルは以下の通りとなる。

$$y_{cens} \sim Normal(\mu, \sigma)[100, +\infty) \tag{9.2}$$

長さ 10 万のチェインを 4 本走らせて乱数を発生させ，半数をバーンイン期間で捨てた[2]。乱数間の自己相関が高かったため，10 個ごとに乱数を使用した。最終的に得られた 2 万個の乱数のうち，全パラメータについて 90% 以上の実効的な乱数が得られており，$\widehat{R}$は 1.01 を下回ったため，収束に至ったと判断した。

2）model_1-1-1.stan（付録 1）のモデルに基づく。R version 3.4.4（R Core Team, 2018）と rstan パッケージ version 2.17.3（Stan Development Team, 2018）を用いた。

表 9.2　model_1-1-1.stan のモデルにおけるパラメータの事後分布の要約統計量

| | 平均値 | 中央値 | 標準偏差 | 2.5% | 97.5% |
|---|---|---|---|---|---|
| $\mu$ | 98.915 | 98.876 | 0.810 | 97.438 | 100.650 |
| $\sigma$ | 1.826 | 1.573 | 0.990 | 0.840 | 4.320 |
| $y_{cens}$ | 101.163 | 100.733 | 1.429 | 100.028 | 104.941 |

推定結果を表 9.2 に示す。

下限を指定したため $y_{cens}$ の事後分布の形は左右対称ではなく，図 9.2 で想定したような形状になっていたため，事後分布の平均値と中央値には乖離が認められた。代表値として平均値を採用すると，今回のデータと今回のモデルのもとでは，筆者が 100 点を達成した際に約 101.163 点を取っていたと推論できる。代表値として中央値を採用すると，約 100.733 点を取っていたと推論できる。

全試行の総合得点が平均 $\mu$，標準偏差 $\sigma$ の正規分布に従うと仮定したため，「真の総合得点」を用いて計算した 7 試行の平均値は，$\mu$ で近似できると考えられる。$\mu$ の事後分布の平均値は 98.915，中央値は 98.876 であり，いずれも打ち切られたデータを用いて計算した平均値（98.749）よりもわずかに大きいことがわかる。

### 9.1.2　対策 2：打ち切りデータが発生する確率を利用する

補完によらずに，歌唱得点を生成した正規分布のパラメータを推定する方法もある。再び，筆者は歌唱の反復により疲労も学習もせず，各試行の総合得点は独立に得られたと強い仮定を置く。また今回の曲や歌唱環境，および歌唱者により生成される総合得点は，平均 $\mu$，標準偏差 $\sigma$ の正規分布に従うと考える。

「打ち切られていない部分」に相当する上限値 $U$ 以下のデータは，この正規分布から生成された観測値 $Y$ とみなせる。したがって，確率モデルは以下の通りとなる。総合得点が偶然ぴったり 100 点になる可能性もあるので，今回の歌唱データでは $U$ は 100 とする。

$$Y[n] \sim Normal(\mu, \sigma) \qquad n = 1, \cdots, 6 \tag{9.3}$$

一方で「打ち切られた部分」の尤度は，$U$ より大きな値が得られる確率（図 9.2 の黒い部分の面積）に等しく，以下のように求めることができる。$\phi$ () は標準正規分布の確率密度関数の累積分布関数を指す。

$$\Pr[y > U] = \int_U^\infty Normal(y \mid \mu, \sigma)\, dy = 1 - \phi\left(\frac{y-\mu}{\sigma}\right) \tag{9.4}$$

これで，「打ち切られていない部分」と「打ち切られた部分」の尤度がそれぞれ求められた。前項の対策 1 では，打ち切られていない部分（(9.1) 式）も打ち切られた部分（(9.2) 式）も確率密度関数で表現されていたが，本項の対策 2 では打ち切られていない部分（(9.3) 式）だけが確率密度関数で，打ち切られた部分（(9.4) 式）が確率で表現されていることが相違点といえる。

長さ 10 万のチェインを 4 本走らせて乱数を発生させ，半数をバーンイン期間で捨てた[3]。乱数間の自己相関がやや認められたため，10 個ごとに乱数を使用した。最終的に得られた 2 万個の乱数のうち，全パラメータについて 88% 以上の実効的な乱数が得られており，$\hat{R}$ は 1.01 を下回ったため，収束に至ったと判断した。推定結果を表 9.3 に示す。

表 9.3　model_1-1-2.stan のモデルにおけるパラメータの事後分布の要約統計量

| | 平均値 | 中央値 | 標準偏差 | 2.5% | 97.5% |
|---|---|---|---|---|---|
| $\mu$ | 98.917 | 98.881 | 0.815 | 97.483 | 100.644 |
| $\sigma$ | 1.819 | 1.573 | 0.976 | 0.840 | 4.253 |

$\mu$ の事後分布の平均値 98.917 や中央値 98.881 は，前項の補完により推定した結果とほぼ一致しており，いずれも打ち切られたデータを用いて計算した平均値（98.749）よりもわずかに大きい。また，標準偏差 $\sigma$ についても打ち切られたデータを用いて計算した場合よりもわずかに大きくなっており，上限打ち切りを考慮した推定が実現できたといえる。

## 9.2　これからも 100 点を取れるのか

再び図 9.1 を見てみると，ふらつきながらも，試行を重ねるごとに総合得点が伸びていることがわかる。1 曲歌い終わるごとに課題を見つけて次の歌唱で改善を試みているので，上達するのは当然である。では，試行を重ねれば重ねるほど，右肩上がりで総合得点が向上するのだろうか。

より試行数の多い，別の曲の総合得点を見てみよう（図 9.3）。やはりこの曲

3）model_1-1-2.stan（付録 2）のモデルに基づく。

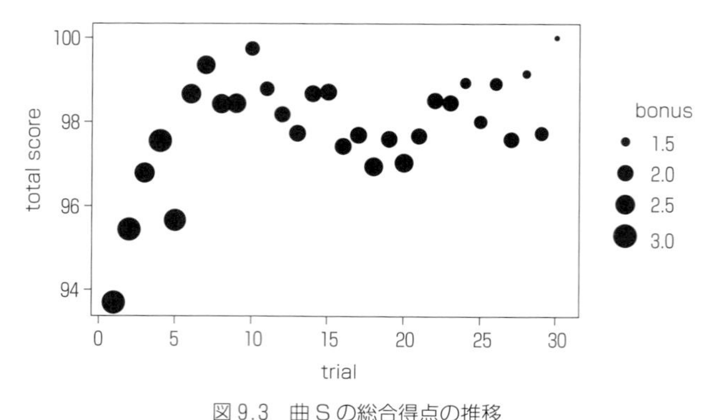


図9.3　曲Sの総合得点の推移
散布された各点の大きさはボーナス点を反映している。

も1日で100点を取ったので，全試行で歌唱環境は統制されているが，難易度が高く100点を取るまでに30試行を要した。最初のうちは試行を重ねるごとに上達しているが，10試行目あたりから総合得点が右肩下がりに転じている。これは，歌唱の反復による体力の低下や，喉の状態の悪化を反映していると考えられる。20試行目あたりから好転したものの，総合得点は上下を繰り返しており，最後はなんとか100点にたどりついた様子が見て取れる。これまで仮定してきたように「筆者は歌唱の反復により疲労も学習もせず，各試行の総合得点は独立に得られた」と考えるのは無理があるだろう。

そこで本節では，時系列的な変化を考慮した状態空間モデルの一種である，ローカル・レベル・モデルを採用する（Commandeur & Koopman, 2007／和合訳, 2008[4]；松浦，2016[5]）。ここで「真の状態」を$\mu$で表すと，ローカル・レベル・モデルでは$\mu$が試行ごとに変化することを認める。本節の文脈でいえば，疲労や学習によって試行ごとに「真の歌唱力」[6]が変化することを意味する。したがって，ある試行$t$における真の歌唱力$\mu[t]$は，直前の試行$t-1$における真の歌唱力$\mu[t-1]$に誤差$\xi[t-1]$が加わったものとして

$$\mu[t]=\mu[t-1]+\xi[t-1] \qquad t=2,\cdots,30 \tag{9.5}$$

4）Commandeur, J. J. F., & Koopman, S. J. (2007). *An introduction to State Space Time Series Analysis*. Oxford University Press.　和合　肇（訳）(2008). 状態異空間時系列分析入門　シーエーピー出版

5）松浦健太郎（2016). Wonderful R 2　StanとRでベイズ統計モデリング　共立出版

6）本章では，出すべき音を理解でき，実際にその音を出すことができる能力と定義する。

として表現される[7)]。$\xi[t]$ が平均 0，標準偏差 $\sigma_\xi$ の正規分布に従うとすると，真の歌唱力は

$$\mu[t] \sim Normal(\mu[t-1], \sigma_\xi) \qquad t = 2, \cdots, 30 \tag{9.6}$$

と表現される。

また，ある試行 $t$ における総合得点 $Y[t]$ は，真の歌唱力がそのまま反映されているのではなく，様々な誤差 $\epsilon[t]$ によって変動していると考えられる。たとえば，たまたま声の通りがよかったかもしれないし，ワイヤレスマイクの充電が切れかけていて声がうまく拾われなかったかもしれない。そこで（9.5）式や（9.6）式と同様のモデル化を行い，試行 $t$ における総合得点 $Y[t]$ を

$$Y[t] \sim Normal(\mu[t], \sigma_\epsilon) \qquad t = 1, \cdots, 30 \tag{9.7}$$

と表現する。

さらに本節ではローカル・レベル・モデルによって，実際には存在しない 31 試行目の総合得点を予測する。もし筆者が 30 試行目において取るべくして 100 点を取ったのならば，31 試行目においても 100 点を取れる確率は高いだろう。反対に，筆者は偶然 30 試行目に 100 点を取れたに過ぎないとしたら，31 試行目の総合得点は低くなると予測されることもありえるだろう。

長さ 10 万のチェインを 4 本走らせて乱数を発生させ，半数をバーンイン期間で捨てた[8)]。乱数間の自己相関が高かったため，10 個ごとに乱数を使用した。最終的に得られた 2 万個の乱数のうち，ほぼすべてのパラメータについて 1 万個以上の実効的な乱数が得られた。その他のパラメータについても 5000 個以上の実効的な乱数が得られており，全パラメータの $\hat{R}$ は 1.01 を下回ったため，収束に至ったと判断した。

実際の総合得点と各試行における真の歌唱力 $\mu$ の推定結果を図 9.4 に示した。1 から 30 試行目までの帯は確信区間を，31 試行目の帯は予測区間を表している。24 から 30 試行目において得点が上下を繰り返したためか，予測区間は真横を向いたような形をしており，30 試行目より高い得点が得られる可能性も低い得点が得られる可能性も，広く予測されている（95% 予測区間［96.890: 101.775］）。今回の曲や歌唱環境，今回のデータやモデルのもとでは，筆者が継続して 100 点

7）$\mu$［1］は無情報事前分布に従う。
8）model_1-2.stan（付録 3）のモデルに基づく。

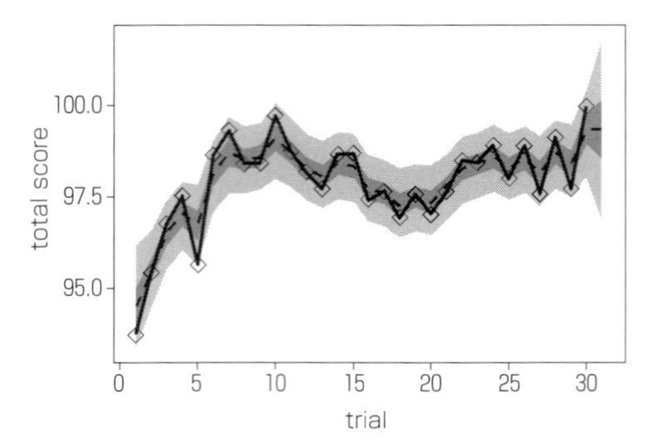


図 9.4　model_1-2.stan で推定した「真の歌唱力」の確信区間と予測区間

内側の暗い領域は 50% 区間。外側の明るい領域は 95% 区間。破線は中央値。白い菱形は実際の総合得点。折れ線は各試行における総合得点の推移を表す。

を達成し続けられるかどうかは，残念ながら未知数といえる。

## 9.3　まとめ

本章では，筆者自身のカラオケ採点データという，時系列的な上限打ち切りデータを用いて，実際には知りえなかった得点を推定・予測する試みを紹介した。特にローカル・レベル・モデルなどの状態空間モデルによって将来の得点を予測することは，100 点が取れそうな曲の選曲に貢献する可能性があり，非常に有用であると考えられる。

なお本章では筆者 1 人のデータしか用いていないが，今後より多くの人のカラオケ採点データを集めることができれば，音程やビブラート等の各歌唱パラメータを説明変数にして，得点を予測するモデルを考えることができる。そうすれば，効率的に 100 点を取るための道筋が見えるかもしれない。ご関心のある方がいれば，ぜひご協力をお願いしたい。

最後に，本章の執筆にあたりカラオケ採点データの利用可否について親切に相談に乗ってくださり，ご快諾くださった株式会社第一興商に感謝いたします。

## 9.4　付録

本章で使用した Stan コードの主要な部分を以下に示す。

付録 1（model_1-1-1.stan）

```
model{
  Y ~ normal(mu, sigma);          //式 9.1
  y_cens ~ normal(mu, sigma);     //式 9.2
}
```

付録 2（model_1-1-2.stan）

```
model{
 for (n in 1:N){
  if(censored[n] == 0)                                //打ち切りではない試行
   Y[n] ~ normal(mu, sigma);                          //式 9.3
 }
 target += N_cens * normal_lccdf(U | mu, sigma);  //式 9.4
}
```

付録 3（model_1-2.stan）

```
model {
 for(t in 2 : (T_obs + T_pred))         //式 9.6
  mu[t] ~ normal(mu[t-1], sigma_xi);
 for(t in 1 : T_obs)                    //式 9.7
  Y[t] ~ normal(mu[t], sigma_epsilon);

 mu ~ normal(0, 100);                   //事前分布
 sigma_xi ~ student_t(3, 0, 100);
 sigma_epsilon ~ student_t(3, 0, 100);
}
generated quantities {
 vector[T_pred] y_pred;                 //予測分布の生成
 for (t in 1 : T_pred)
  y_pred[t] = normal_rng(mu[T_obs + t], sigma_epsilon);
}
```

# 第 10 章
# オンライン調査における回答項目数のモデリング

本章では，筆者らが Okada, Vandekerckhove, & Lee (2018)[1] で提案した，ある大規模調査において参加者が回答する項目数についてのモデリング事例を紹介する。モデリングの対象となったのは，オンラインで行われたパーソナリティ調査のデータである。この調査では，回答を最後まで終えずに途中でやめることが許されていた。このとき参加者が回答する項目の数は，どのようなデータ生成メカニズムを考えることによってモデリングすることができるだろうか。

## 10.1 モデリング対象のデータ

質問紙調査は人を対象とした社会科学の研究における，代表的なデータ収集法の1つである。もっとも「質問紙」といっても，豊田 (2015)[2] にも紹介されているように，最近では必ずしも紙を使わないで調査が実施されることも多い。パーソナルコンピュータやタブレット，スマートフォンなどを用いて，オンラインでデータを収集する調査研究が増えている。こうしたオンライン調査は，紙を用いた調査に比べて配信，回収，データ入力などの手間を省くことができる。さらに，それにとどまらず，オンライン調査では，紙では容易ではなかったような調査上の操作を，比較的簡単に導入できるメリットがある。そうした操作の1つに，項目のランダム化があげられる。

SAPA プロジェクト[3] は，様々なパーソナリティを測定する項目を用いた大規模なオンライン調査である。Condon & Revelle (2015)[4] は，2013 年から 2014

---

1) Okada, K., Vandekerckhove, J., & Lee, M. D. (2018). Modeling when people quit: Bayesian censored geometric models with hierarchical and latent-mixture extensions. *Behavior Research Methods*, **50**, 406-415. doi: 10.3758/s13428-017-0879-5

2) 豊田秀樹 (2015). 紙を使わないアンケート調査入門　東京図書

3) Condon, D. M. (2018). The SAPA Personality Inventory: An empirically-derived, hierarchically-organized self-report personality assessment model. PsyArXiv Preprint. doi: 0.17605/OSF.IO/SC4P9

4) Condon, D. M., & Revelle, W. (2015). Selected personality data from the SAPA project: On the structure of phrased self-report items. *Journal of Open Psychology Data*, **3**, e6. doi: 10.5334/jopd.al

年にかけて，このプロジェクトによってオンラインで収集した23,681人分のデータを公開した。この調査では，8種類のパブリックドメインのパーソナリティ尺度に含まれる項目が利用された。のべ項目数は1,034にのぼるが，うち338項目は尺度間で重複して使用されており，実際のユニークな項目数は696である。そして，この調査では，以下に述べる手続きによって，参加者一人ひとりがそれぞれ異なる，696項目のうちからランダムに選択された項目に回答するようになっていた。

参加者には，1つの回答用webページあたり，25項目が提示された。ページの最後まで回答すると，「Next page」と「Quit Now」という2つのボタンが並んでいた。「Next page」ボタンをクリックすることで，参加者は次の回答用ページに進むことができた。もしくは，「Quit Now」ボタンをクリックすると，そのページまでで回答を終えて，それまでの回答に基づく自分のパーソナリティ測定結果を確認することができた。

参加者には，少なくとも4ページまでは回答するように教示が与えられていた。1ページめから4ページめまでについては，25項目のうち，パーソナリティを測定するための項目は18項目だけであった。残りの7項目はパーソナリティを測定するための項目ではなく，公開されたデータにも含まれていないので，今回モデリングする対象にはならない。5ページめ以降では，1ページに提示される25項目すべてがパーソナリティを測定するための項目であった。参加者が最大で回答できるページ数は14ページであり，そこまで回答すると終了となって，その参加者についてのパーソナリティ測定結果が表示された。このデータにおいて，参加者が回答する項目数についてのモデリングを行いたい。

## 10.2　モデル1：回答するページ数が打ち切り幾何分布に従うモデル

前述のデータ収集方法から，この調査で1人の参加者が回答できる最大の項目数は

$$\underbrace{18 \times 4}_{\text{最初の4ページ}} + \underbrace{25 \times (14 - 4)}_{\text{残りの10ページ}} = 322$$

となる。

参加者が「Quit Now」ボタンをクリックして回答をやめるのは，1つのペー

ジの末尾においてである。したがって，ある参加者に提示される合計項目数は，その参加者が回答するページ数と1対1に対応している。すなわち，参加者$i$が回答するページ数を$p_i$，参加者$i$に調査用ページ上で提示される項目数を$q_i$で表すことにすると，

$$q_i = \min(p_i, 4)\times 18 + \max((p_i - 4), 0)\times 25 \tag{10.1}$$

という関係が成り立っている。ただし，$\min(x, y)$ は$x$と$y$のうち小さい方を返す関数であり，$\max(x, y)$ は逆に$x$と$y$のうち大きい方を返す関数である。

ここで，$q_i$は参加者$i$に提示される項目数であるが，参加者が回答する項目数ではないことに注意する。それは，参加者が何らかの理由によって回答せずに飛ばす項目もあるからである。実際に観測データとして得られる，参加者$i$が回答した項目数を$y_i$で表すことにする。この$y_i$が$q_i$と等しくなるのは参加者$i$が項目を1問も飛ばすことなく回答したときだけである。一般的に表現すると，$y_i$は0以上$q_i$以下の整数値をとる。

提示される項目数$q_i$を所与としたとき，回答項目数$y_i$のデータ生成メカニズムを表現する確率分布として，2項分布

$$y_i \sim \text{Binomial}(\phi, q_i) \tag{10.2}$$

を考えるのは自然だろう。ここで，$\phi$は提示された項目に対する回答確率を表す，2項分布のパラメータである。(10.2) 式の$\phi$には添え字がついていない。すなわち，このモデルでは項目に対する回答確率は，参加者や回答するページ数などに依存しないと考えている。

参加者$i$について，提示される項目数$q_i$は，回答するページ数$p_i$と (10.1) 式の決定的な（deterministic）関係がある。したがって，次に考えるべきは回答するページ数$p_i$の生成メカニズムである。回答するページ数$p_i$は，1以上の整数値をとる離散的パラメータである。なお，この$p_i$は本来測定可能な情報であるが，公開されたデータセットには含まれておらず，したがってパラメータとして推定することにする。

シンプルな仮定の1つとして，あるページまで回答した時点で回答をやめる確率が，参加者やページによらず一定だと考えることができる。すなわち，あるページの末尾まできたら，確率$\theta$でそこまでで回答をやめ，逆に確率$1-\theta$で次のページに進むということである。この$\theta$にも添え字がなく，回答をやめる確率

が参加者やページに依存しないことを表している。このとき，回答をやめるまでに読むページ数の生成メカニズムは，幾何分布（geometric distribution）によって表現できる。パラメータ $\theta$ を持つ幾何分布に従う確率変数 $y = 0, 1, 2, \cdots$ の確率関数は

$$p(y) = (1-\theta)^y\theta \tag{10.3}$$

によって与えられる。これを $y \sim \text{Geometric}(\theta)$ と書く。幾何分布はしばしば，成功確率 $\theta$ のベルヌーイ試行を繰り返すとき，初めて成功するまでの失敗回数の分布と説明される。また，たとえば品質管理において1個の不良品が見つかるまでに検査する出荷準備商品の数のモデルとして幾何分布が利用される。

ある確率変数 $y$ が幾何分布に従うとき，この $y$ は0から無限大までの整数値をとる。しかし，今回の調査では，参加者が回答できる最大ページ数は14である。このことを表現するため，今回の調査における回答するページ数 $p_i$ のモデルとしては，通常の幾何分布ではなく，打ち切り幾何分布（censored geometric distribution）を使うことにする。確率分布をある閾値で打ち切る（censoring）とは，確率変数がある閾値よりも大きい（もしくは小さい）値をとるとき，その値自体ではなく閾値の値が観測されるような場合のことを指す（図10.1を参照）。

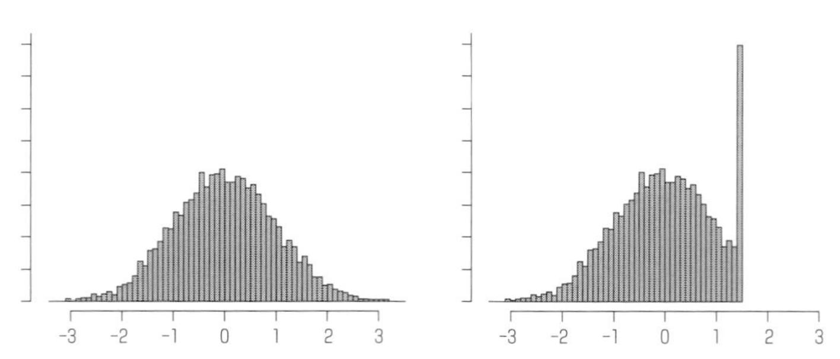


図10.1　標準正規分布から生成した10,000個の乱数値(左)と，1.5を右側の閾値とする打ち切り標準正規分布から生成した10,000個の乱数値(右)のヒストグラム（乱数の種は共通である）

また，今回のデータでは，1ページも回答せずにやめた参加者のデータは観測されていない。したがって，回答するページ数 $p_i$ の最小値は1であり，幾何分布に従う確率変数に1を加えて表現する必要がある。

以上のことから，参加者 $i$ の回答するページ数 $p_i$ の生成メカニズムは

$$\alpha_i \sim 1 + \mathrm{Geometric}(\theta), \tag{10.4}$$

$$p_i = \begin{cases} \alpha_i & (\alpha_i \leq 14 \text{のとき}) \\ 14 & (\alpha_i > 14 \text{のとき}) \end{cases} \tag{10.5}$$

と表現することができる。

ここまででモデル中に登場した，まだ確率分布がおかれていないパラメータは，あるページから先へ進まずにそこを終えた時点で回答をやめる確率 $\theta$ と，提示される項目数を所与としたときの1問あたりの回答確率 $\phi$ の2つである。この2つのパラメータは，ともに0から1の間の連続的な値をとる。したがって，自然な設定の1つとして，

$$\phi \sim \mathrm{Uniform}(0, 1), \tag{10.6}$$

$$\theta \sim \mathrm{Uniform}(0, 1) \tag{10.7}$$

と0から1の間の一様事前分布を設定することができる。以上の（10.1）式から（10.7）式で，SAPAデータにおける参加者の回答項目数のモデルが一応の完成をみた。

上記のモデル，およびこの後で改良するモデルについて，Okada, Vandekerckhove, & Lee（2018）は従来型のMCMCアルゴリズムが実装されたソフトウェアである，JAGSを用いた推定を行った。JAGSに実装されているMCMCアルゴリズムは，Stanに実装されているハミルトニアンモンテカルロ法よりも，複雑なモデルでは一般に推定の効率が下がりやすい。しかし，それはあくまで両者を比較したときの相対的な話である。複数のチェインで推定を行い収束やミキシングを確認できれば，StanだけでなくJAGSも問題なくベイズ統計モデリングに利用することができる[5]。

（10.1）式から（10.7）式で表されたモデルをJAGSに実装し，独立な3つの

---

5）本章で紹介する研究においてStanではなくJAGSを用いた大きな理由の1つは，モデルが離散的パラメータを含んでおり，本章執筆時点現在においてStanで離散パラメータを扱うことには困難があるためである。これは，ハミルトニアンモンテカルロ法がアルゴリズム上，対数尤度のパラメータについての微分を必要とするために，基本的に離散的パラメータを扱うことができないからである。もっとも，Stanのマニュアル（Stan Development Team（2017）. *Stan Modeling Language: User's Guide and Reference Manual*, version 2.17.0）にも書かれている通り，積分消去に代表されるような，離散的パラメータを含むモデルを扱うためのいろいろな工夫は可能である。また，自然な形で離散パラメータを推定できるようにするための努力も続けられており，近々のバージョンアップで実装される可能性がある。

チェインから，最初の1,000回をバーンインとして捨てた後の4,000回ずつ，合計12,000個のMCMCサンプルを用いて推定を行った。チェインの収束とミキシングはトレースから確認した。この章で用いるJAGSコードは，パラメータの事後分布だけでなく，事後予測チェック（posterior predictive checking; Gelman, Meng, & Stern, 1996）[6]のために，将来の$y_i$についての事後予測分布を生成するためのコードを含んでいる。23,681人から観測された実際の回答項目数のデータとともに事後予測分布を，スケールをあわせて表示したものを図10.2に示す。

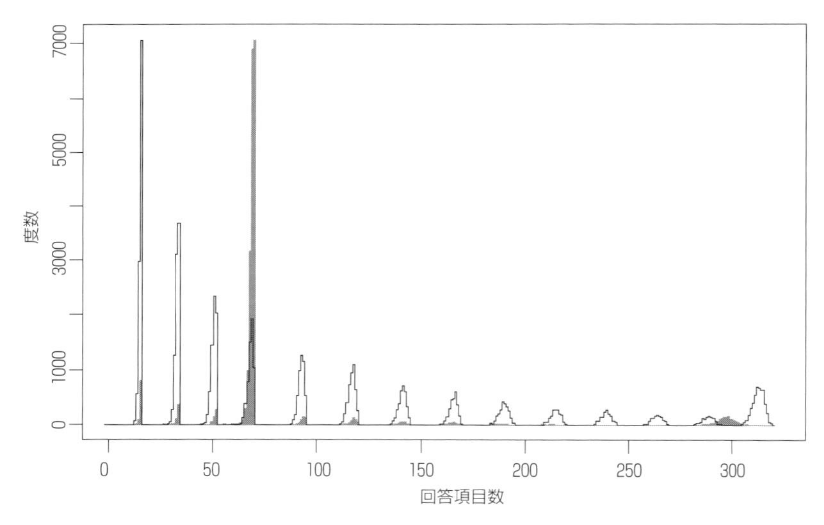


図10.2　Condon & Revell (2015)のデータにおける回答項目数のヒストグラムと，スケールを揃えて表示したモデル1の事後予測分布

観測データには，分布に複数のスパイク，つまりその回答項目数だった人のまとまりが確認できる。事後予測分布もこの点は同様である。各スパイクの右端が，ちょうど各ページまでに提示される項目数（18, 36, 54, 72, 97, 122, ...）に対応している。我々のモデル1は，このスパイクの位置を概ね捉えてはいるものの，観測データのヒストグラムとは大きく外れており，このままでは大きな問題があることがわかる。それは，「少なくとも4ページまでは回答してほしい」という教示の影響をモデルが考慮できていないことであろう。実際の観測データでは，多くの参加者が教示に従い，4ページまでは終えて回答をやめていることがヒスト

6）Gelman, A., Meng, X.-L., & Stern, H. (1996). Posterior predictive assessment of model fitness via realized discrepancies. *Statistica Sinica*, **6**, 733-760.

グラムから見てとれる。しかし，モデル 1 では，この教示の効果がモデルに組み込まれていない。そこで，次に，この教示の効果を取り入れるようにモデル 1 を改良することを考えてみよう。

## 10.3　モデル 2：教示の効果を表現できるよう改善したモデル

教示の効果をモデルで表現するといっても，参加者のうち全員が教示に従うわけではない。そこで次のモデル 2 では，「教示に従い，4 ページに回答してやめる参加者」と，「教示に従わず，打ち切り幾何分布によって回答するページ数が生成される参加者」という，2 群の参加者がいると考えることにしよう。

このことを表現するために，潜在的な指示変数 $z_i$ を導入する。これは，参加者 $i$ が教示に従う参加者である場合には $z_i = 1$，そうでない場合には $z_i = 0$ の値をとる変数である。ある参加者がこのどちらなのかは観測されていないので，このパラメータ $z_i$ もデータに基づいて推定することになる。その確率分布としては，

$$z_i \sim \mathrm{Bernoulli}(\omega) \tag{10.8}$$

と，指示に従う群に属する確率を $\omega$ とするベルヌーイ分布を考えるのが自然であろう。この $\omega$ は，これまでに登場した $\phi$，$\theta$ と同じく 0 から 1 の間の量的な値をとる確率変数なので，その分布として同様に

$$\omega \sim \mathrm{Uniform}(0, 1) \tag{10.9}$$

と一様分布をおくことにする。

新しいパラメータ $z_i$ を導入したモデル 2 では，参加者が回答するページ数 $p_i$ の確率分布は，(10.5) 式に代わって次のように表現できる：

$$p_i = \begin{cases} \alpha_i & (z_i = 0 \text{かつ} \alpha_i \leq 14 \text{のとき}) \\ 14 & (z_i = 0 \text{かつ} \alpha_i > 14 \text{のとき}) \\ 4 & (z_i = 1 \text{のとき}). \end{cases} \tag{10.10}$$

このモデルに基づく推定を JAGS を用いて行い，得られた事後予測分布を図 10.3 に示す。モデル 1 に比べると，事後予測分布はデータの特徴をよく捉えるようになった。一方で，右裾のほうではモデルの予測と観測データとの間に依然

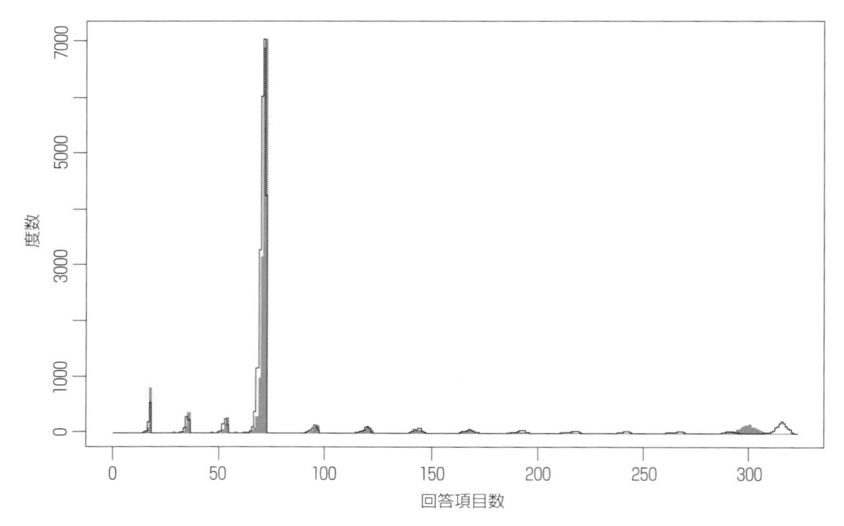


図 10.3　図 10.2 と同じ回答項目数のヒストグラムと，スケールを揃えて表示したモデル 2 の事後予測分布

として乖離がある。

## 10.4　モデル 3：回答するページ数の影響を表現できるよう改善したモデル

ここまでのモデルでは，(10.2) 式によって表現される，回答項目数 $y_i$ を生成する 2 項分布の回答確率パラメータ $\phi$ に添え字がついていなかった。すなわち，回答確率は回答するページ数や参加者に依存しないと考えていた。しかし，この仮定は若干強すぎたのかもしれない。回答を長く続けるほど，注意力の低下などによって飛ばしてしまう項目が多くなることは十分ありえそうである。

この仮説を表現するため，回答するページ数が $p_i$ である参加者の，項目への回答確率を $\phi_{p_i}$ と表現することにしよう。$p_i$ は $p_i=1, 2, \cdots, 14$ という整数値をとる離散的パラメータであった。そして，この回答確率 $\phi_{p_i}$ と回答するページ数 $p_i$ との間の関係が

$$\phi_{p_i} = \frac{1}{1+\exp(-(\beta_1 p_i + \beta_0))} \tag{10.11}$$

と，ロジスティック回帰の形で説明できると考えよう。ここで$\beta_1$と$\beta_0$はロジスティック回帰の係数と切片に対応するパラメータである。基本的に0から大きく離れた値をとる可能性は小さいことと頑健性を考慮して，こうした場合に標準的に利用される設定の1つである標準コーシー分布を両者の事前分布とする：

$$\beta_1 \sim \mathrm{Cauchy}(1), \tag{10.12}$$

$$\beta_0 \sim \mathrm{Cauchy}(1). \tag{10.13}$$

この改良を施したモデル3によって得られた事後予測分布を図10.4に示す。今度のモデルの事後予測分布は，観測されたデータとよく合い，データの構造を捉えられていることがわかる。したがって，このモデル3は，実際に得られたデータの生成メカニズムの重要な側面を，適切に表現できている可能性がある。そこで，このモデル3で得られたパラメータの事後分布を見てみよう。

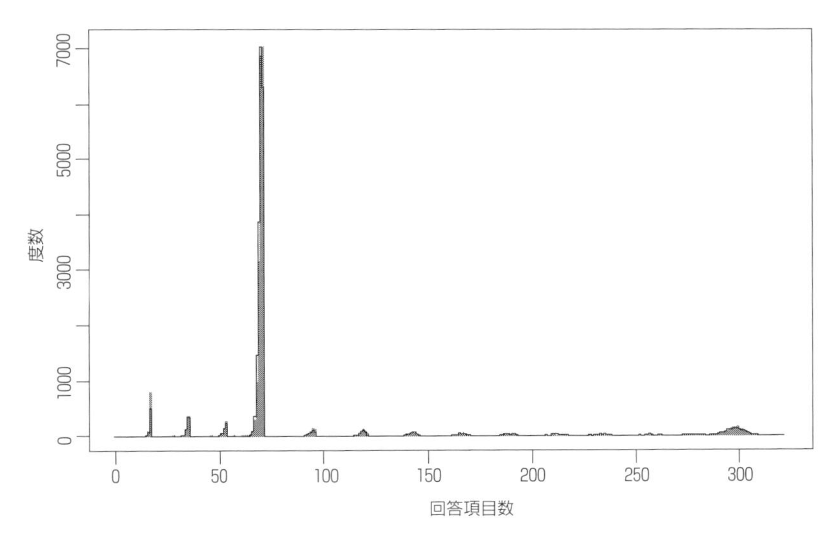


図10.4　図10.2と同じ回答項目数のヒストグラムと，スケールを揃えて表示したモデル3の事後予測分布

図10.5と図10.6に，3種類のパラメータである$\theta$，$\omega$，$\phi_{p_i}$の事後分布を示す。図10.5から，ページの末尾に来たとき，そこで回答をやめる確率$\theta$はおよそ0.10と推定され，教示に従って4ページ回答してやめる人である確率$\omega$はおよそ0.77と推定されたことがわかる。また，予測力の高いモデルであることやサ

ンプルサイズが大きいことにも由来して，いずれのパラメータの事後分布も分散が小さくなっており，上記の値についての不確実性は小さいことがわかる。また図10.6から，提示される項目数を所与としたときの項目への回答確率$\phi_{p_i}$は1に近い値をとるが，回答するページ数が大きくなるほど，徐々に低下していくことがわかる。ある項目への回答確率は，1ページしか回答しない参加者ではおよそ0.99であるが，14ページに回答する参加者ではおよそ0.93まで低下する。これは依然として高い回答確率ではあるものの，集中力の低下といった何らかの要因によって，回答するページ数が大きくなるにつれ回答確率が漸減していくようすが見てとれる。このように，モデル3の基本的なパラメータは，いずれも精度よく推定されており，また実際に即して解釈可能であった。

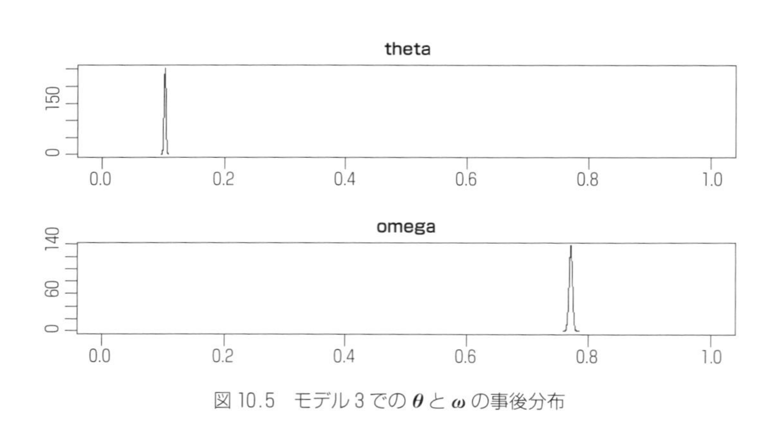


図10.5　モデル3での$\boldsymbol{\theta}$と$\boldsymbol{\omega}$の事後分布

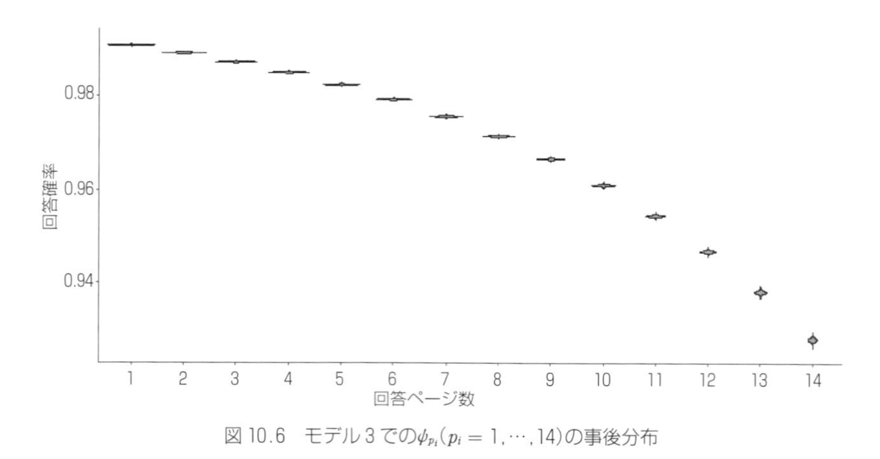


図10.6　モデル3での$\phi_{p_i}(p_i = 1, \cdots, 14)$の事後分布

## 10.5　まとめとモデルの改良について

本章では，オンライン調査において参加者が回答する項目数をモデリングする研究を紹介した。とくに，事後予測分布に基づいて，当初のモデルが改良されていく過程を見た。ここで，今回のモデル改良はデータのヒストグラムを見ながら，事後予測分布に基づいて行ったものであり，データに過適合しているのではないかという批判があり得るかもしれない。こうした批判は，しばしば正当なものである。偶然の産物にしかすぎない今回のデータに独自な変動までモデルで表現してしまうと，それは将来新たに得るデータには当てはまらない，今回のデータだけに過適合した一般性のないモデルとなってしまう危険性がある。

しかし，今回紹介したモデルに関しては，この批判は必ずしも当たらないのではないだろうか。第一に，本モデルの構造やパラメータは，現実に即して解釈可能である。共分散構造分析で，解釈できないが適合度はあがる誤差共分散を入れるような操作は，批判されて然るべきである。一方，今回のモデル改善の過程は，「教示に従う人と従わない人の2群がいる」「回答するページ数が大きい人ほど注意力の低下などによって回答確率が漸減する」といった，現実的な仮説をパラメトリックにモデルに取り込んだものであり，やみくもにモデルを複雑にしたりパラメータ数を増やしたわけではない。第二に，今回のモデルは，サンプルサイズに比してパラメータ数がけっして多くはなく，「どんなデータでもそれなりに予測できる」モデルではない。そうした，構造に制約のあるモデルが今回のデータ「には」適合がよかったことは，モデリング研究の醍醐味を味わえたといえるかもしれない。

もちろん，モデルの一般性の検討は望まれるところであり，異なるデータに対して今回紹介した考え方に基づくモデリングを行うことは有用であろう。この研究事例が，調査における回答項目数という，従来あまりモデリングの対象とは考えられてこなかった変数にも目を向けるきっかけとなれば幸いである。

## 10.6　付録

モデル3のJAGSプログラムを以下に示す。

```
model{
    for (i in 1:nPeople){
        y[i] ~ dbin(psi[pp[i]],qq[i])
        z[i] ~ dbern(omega)
        alphTmp[i] ~ dnegbin(theta,1)
        alpha[i] <- alphTmp[i]+ 1
        pTmp[i] ~ dinterval(alpha[i],b)
        pp[i] <- max(equals(z[i],0)*pTmp[i]+ equals(z[i],1)*4,1)
        qq[i] <- min(pp[i],4)*18 + max(pp[i]-4,0)*25
    }
    for (k in 1:14){
        logit(psi[k]) <- beta1 * k + beta0
    }
    theta ~ dunif(0,1)
    omega ~ dunif(0,1)
    beta1 ~ dt(0, 1/(nu^2), 1)
    beta0 ~ dt(0, 1/(nu^2), 1)
    # 事後予測分布
    predz ~ dbern(omega)
    predalphTmp ~ dnegbin(theta,1)
    predalpha <- predalphTmp + 1
    predp <- equals(predz,0)*min(predalpha,14) + equals(predz,1)*4
    predq <- min(predp,4)*18 + max(predp-4,0)*25
    predy ~ dbin(psi[predp],predq)
    # 対数尤度（モデル比較などで計算したい場合はコメントアウトを外す）
    #for (i in 1:nPeople) {
    #    log_lik[i] <- log(dbin(y[i],psi[pp[i]],qq[i]))
    #}
}
```

# 第 11 章 歴代 M-1 グランプリで最もおもしろいのは誰か[1)]

2000 年以降，漫才やコントなどの様々なコンテストが開催されている。こうしたコンテストを見ていると，筆者は「このコンビ[2)]はこれまでで一番おもしろいのではないか」と思うことがある。M-1 グランプリは，お笑いコンテストの中でも漫才を主軸に据えたコンテストであり，2001 年から 2010 年までの 10 回と 2015 年から 2017 年の 3 回の合計 13 回開催されている。決勝では，7 名の審査員[3)]が 1 人 100 点の持ち点で漫才を評価し，合計点が競われている。

本章では，過去 13 回の M-1 グランプリ決勝に出場した全 62 組の評価得点データに対して，ベイズ統計モデリングを行い，審査員や開催回数の影響を考慮しながら，どのコンビがおもしろいのかを推定する。

## 11.1 おもしろさを推定するモデル

本章では，それぞれのコンビに対する審査員の評価得点をもとに，コンビのおもしろさをモデリングしていく。複数のモデルを検討するが，全モデルでの共通点は，「コンビに対する審査員の評価得点は正規分布する」ということを仮定することにある。正規分布は，以下に示すように平均パラメータ $\mu$ と分散パラメータ $\sigma$ によって表現される。

$$Normal(\mu, \sigma) \tag{11.1}$$

本章で，漫才のおもしろさを推定するにあたり，正規分布に従う $\mu$ と $\sigma$ をどのように推定するかがポイントになってくる。以下では，本章で推定するモデルについて説明する。

---

1）本章の内容は，専修大学の小杉考司氏のブログ（最強の M-1 漫才師は誰だ），関西学院大学の清水裕士氏のブログ（「最強の M-1 漫才師は誰だ」へのチャレンジ）および筆者のブログ（「最強の M-1 漫才師は誰だ」シリーズへの挑戦）の内容に修正を加えて，まとめ直したものである。

2）出場するグループの中には，3 名以上で漫才を行うグループもあるが，M-1 グランプリ 2017 の公式ホームページにて，コンビ情報と表現されているため，本章でもコンビと表現する。

3）第 11 回，第 12 回は 7 名の審査員ではなかった。第 11 回は 9 名の審査員で，第 12 回は 5 名の審査員により評価された。

なお，本章では，どのコンビが相対的におもしろいかを推定することが目的であるため，歴代の決勝の得点を標準化したデータを用いる。標準化すると正規分布の平均と分散は$\mu=0$，$\sigma=1$となるため，得られた値が大きいか小さいかの判断がしやすくなる。たとえば，$\mu$が正の値をとる場合には，M-1グランプリの決勝に残っているコンビの中でも相対的におもしろいと判断しやすくなるといった利点がある。

## 11.2　コンビ平均モデル

まずは，コンビごとの平均点と標準偏差を推定する。つまり，あるコンビ（$i$）に対する評価得点（$Y_i$）はコンビごとの平均と分散から生じていると考える確率モデルであり，以下のように表現できる。

$$Y_i \sim Normal(\theta_i, \sigma_i) \tag{11.2}$$

このモデルでは，コンビの評価得点の平均自体を，そのコンビのおもしろさの得点（$\theta_i$）として考え，分散は，おもしろさの安定性として考えられる。

### コンビ平均モデルの結果

事後分布は，ソフトウェアStanを用い，ハミルトニアンモンテカルロ法によって近似した。長さ10000のチェインを4つ発生させ，バーンイン期間は5000とした。各連鎖内分散に対する連鎖間分散の比に関する統計量である$\widehat{R}$が1.1以下であることを収束の判定基準とした。以降のモデルでも，同様の収束の判定基準を用いている。分散の事前分布は半コーシー分布を仮定した。

コンビ平均モデルの結果について，おもしろさ（$\theta_i$）上位5組のコンビの要約統計量を表11.1に示す。表11.1に示されたように，このモデルではパンクブーブーが最もおもしろいと評価され，僅差でブラックマヨネーズが続いていることがわかる。

おもしろさの安定性に関わると考えられる標準偏差の事後分布については，値の大きい3組と値の小さい3組のみ表11.2に示した。この結果をみると，標準偏差もコンビによって大きく異なることがわかる。

表 11.1　おもしろさ（$\theta_i$）の事後分布の上位 5 組の要約統計量

| コンビ名 | EAP | post.sd | 下限 | 上限 |
|---|---|---|---|---|
| パンクブーブー | 1.01 | 0.23 | 0.56 | 1.47 |
| ブラックマヨネーズ | 1.00 | 0.30 | 0.42 | 1.62 |
| サンドウィッチマン | 0.83 | 0.33 | 0.18 | 1.48 |
| ミキ | 0.83 | 0.29 | 0.25 | 1.43 |
| オードリー | 0.80 | 0.31 | 0.21 | 1.43 |

表 11.2　標準偏差の事後分布の中央値および 95%確信区間

| コンビ名 | 中央値 | 下限 | 上限 |
|---|---|---|---|
| チュートリアル | 1.92 | 1.43 | 2.78 |
| ハリガネロック | 1.60 | 1.13 | 2.57 |
| DonDokoDon | 1.58 | 0.92 | 3.57 |
| | ＜中略＞ | | |
| さらば青春の光 | 0.28 | 0.14 | 0.96 |
| ミキ | 0.26 | 0.15 | 0.62 |
| さや香 | 0.21 | 0.12 | 0.47 |

## 11.3　審査員のくせ評価モデル

コンビ平均モデルは，理解しやすいモデルであるが，このモデルで得られた値をおもしろさやその安定性としてそのまま解釈するには問題が残されている。コンビ平均モデルの問題の 1 つに，コンビごとに評定を行っている審査者が異なるにもかかわらず，単純な平均や中央値をとっていることがあげられるだろう。たとえば，漫才の好みがはっきりしており，評価のばらつきが大きい審査員がいたり，反対にどのようなタイプの漫才であっても高評価，もしくは低評価をする審査員がいたりしたとしても，コンビ平均モデルではこうした違いを審査員の評価のくせの要因として考えることができない。

小杉氏は，審査員の評価のくせを考慮する必要性を指摘し，審査員の評価のくせを考慮したスコアを推定した[4]。本節では，小杉氏の検討したモデルを審査員のくせ評価モデルとして，審査員ごとに標準偏差を推定する。つまり，あるコンビ（$i$）に対する評価得点（$Y_{ij}$）はコンビごとの平均（$\theta_i$）と審査員（$j$）の分散（$\sigma_j$）から生じていると考える確率モデルであり，以下のように表現できる。な

4）小杉考司（2017）．最強の M-1 漫才師は誰だ　Kosugitti Labo ver. 9（http://kosugitti.net/archives/6261（2018 年 4 月 8 日））

お，$\theta_i$は平均0，分散$\sigma_\theta$の正規分布を仮定した。

$$Y_{ij} \sim Normal(\theta_i, \sigma_j) \tag{11.3}$$

$$\theta_i \sim Normal(0, \sigma_\theta) \tag{11.4}$$

このモデルでは，コンビ平均モデル同様に，コンビの評価得点の平均自体を，そのコンビのおもしろさの得点（$\theta_i$）として考える。コンビ平均モデルとは，分散を審査員による評価のくせとして考える点が異なる。

### 審査員のくせ評価モデルの結果

審査員のくせ評価モデルの結果について，おもしろさ（$\theta_i$）上位5組のコンビの要約統計量を表11.3に示す。表11.3に示されたように，このモデルではブラックマヨネーズが最もおもしろいと評価されている。また審査員のくせ評価モデルでは，コンビ平均モデルのときには上位5組の中に入っていなかったかまいたちが新たにランクインしていることがわかる。

標準偏差の事後分布については，コンビ平均モデルの時と同様に，値の上位3名と下位3名のみを表11.4に示した。これまでM-1グランプリで審査員の経験者は27名おり，審査員ごとの評価のばらつきも一定ではなく，審査員によって評価のくせは異なることがわかる。

表11.3　おもしろさ（$\theta_i$）の事後分布の上位5組の要約統計量

| コンビ名 | EAP | post.sd | 下限 | 上限 |
|---|---|---|---|---|
| ブラックマヨネーズ | 0.89 | 0.24 | 0.43 | 1.36 |
| パンクブーブー | 0.88 | 0.16 | 0.57 | 1.20 |
| ミキ | 0.79 | 0.19 | 0.42 | 1.14 |
| かまいたち | 0.72 | 0.19 | 0.34 | 1.09 |
| オードリー | 0.71 | 0.22 | 0.32 | 1.14 |

表11.4　標準偏差の事後分布の中央値および95%確信区間

| 審査員 | 中央値 | 下限 | 上限 |
|---|---|---|---|
| 立川談志 | 2.48 | 1.66 | 4.41 |
| 博多大吉 | 1.95 | 1.60 | 2.42 |
| 青島幸男 | 1.39 | 0.91 | 2.38 |
| | ＜中略＞ | | |
| 中川礼二 | 0.31 | 0.22 | 0.43 |
| 哲夫 | 0.28 | 0.15 | 0.53 |
| 佐藤哲夫 | 0.25 | 0.14 | 0.51 |

ただし，審査員のくせ評価モデルでは，複数のM-1グランプリで審査員を務めたかどうかを考慮していないため，1つのM-1グランプリ内の分散と複数のM-1グランプリ間の分散の効果が混在してしまっている。たとえば，ある年のM-1グランプリではどのコンビに対しても同じような得点を付けているが，次の年のM-1グランプリでは，前年同様どのコンビに対しても同じような得点を付けているものの，前年とはその平均値が大きく異なるといった場合も，分散が大きいと評価されることになってしまう。

審査員のくせ評価モデルとコンビ平均モデルを比較すると，平均のパラメータについては，どちらのモデルもおもしろさ（$\theta_i$）のみで推定しているにもかかわらず，おもしろさの推定結果だけでなく相対的な順位も変化していた。このことから，推定しようとしているパラメータだけでなく，推定の前提としている確率モデルがどのようなものか気を付けておく必要があるだろう。

## 11.4　審査員の基準効果モデル

審査員のくせ評価モデルの問題点として，推定されたスコアに審査員の評価基準の違いが反映されていないことが考えられる。つまり，ある審査員は甘めの評価基準をもっている可能性がある一方で，別の審査員は厳しめの評価基準をもち，コンビの評価を行っている可能性がある。つまり，審査員によって評価の平均値が異なっていることが考えられる。

清水氏は審査員ごとに異なる評価基準の影響を考慮し，コンビごとの評価と審査員ごとの評価基準により平均を推定した[5)]。本節では，清水氏の検討したモデルと審査員のくせ評価モデルを組み合わせたモデルを検討する。つまり，あるコンビ（$i$）に対する評価得点（$Y_{ij}$）はコンビごとの評価（$\theta_i$）と審査員（$j$）の審査基準（$\gamma_j$）を平均とし，コンビごとの分散（$\sigma_i$）から生じていると考える確率モデルであり，以下のように表現できる。なお，$\theta_i$は平均0，分散$\sigma_\theta$，$\gamma_j$は平均0，分散$\sigma_\gamma$の正規分布を仮定した。

$$Y_{ij} \sim Normal(\theta_i + \gamma_j, \sigma_i) \tag{11.5}$$

$$\theta_i \sim Normal(0, \sigma_\theta) \tag{11.6}$$

5）清水裕士（2017）．「最強のM-1漫才師は誰だ」へのチャレンジ　Sunny side up!（http://norimune.net/3093（2018年4月8日））

$$\gamma_j \sim Normal(0, \sigma_\gamma) \tag{11.7}$$

## ■審査員の基準効果モデルの結果

審査員の基準効果モデルの結果について，おもしろさ（$\theta_i$）上位5組のコンビの要約統計量を表11.5に示す。表11.5に示されたように，このモデルではパンクブーブーが最もおもしろいと評価され，これまでのモデルでは上位5組の中に入っていなかったアンタッチャブルが新たにランクインしていることがわかる。このモデルで得られた結果は，審査員の評価の厳しさや甘さといった審査員に依存する要素を除外したコンビの得点であると考えられる。

表11.5　おもしろさ（$\theta_i$）の事後分布の上位5組の要約統計量

| コンビ名 | EAP | post.sd | 下限 | 上限 |
|---|---|---|---|---|
| パンクブーブー | 0.96 | 0.12 | 0.81 | 1.14 |
| アンタッチャブル | 0.90 | 0.16 | 0.77 | 1.21 |
| かまいたち | 0.90 | 0.20 | 0.60 | 1.19 |
| サンドウィッチマン | 0.89 | 0.14 | 0.74 | 1.16 |
| オードリー | 0.76 | 0.26 | 0.45 | 1.13 |

審査員の評価基準（$\gamma_j$）の結果について，値の大きい5名と小さい5名を表11.6に示した。表11.6より，評価基準は審査員によって異なることがわかる。たとえば，立川談志氏と中田カウス氏では確信区間に重なりはなく，全体的に評価を厳しめにつける傾向がある立川談志氏は，中田カウス氏の得点よりも高くなることはほとんどないことが示された。

表11.6　評価基準の事後分布の要約統計量

| 審査員 | EAP | post.sd | 下限 | 上限 |
|---|---|---|---|---|
| 中田カウス | 0.37 | 0.08 | 0.22 | 0.53 |
| 上沼恵美子 | 0.32 | 0.08 | 0.17 | 0.48 |
| 島田洋七 | 0.26 | 0.11 | 0.05 | 0.48 |
| | ＜中略＞ | | | |
| 石田明 | -0.20 | 0.12 | -0.45 | 0.04 |
| 吉田敬 | -0.31 | 0.13 | -0.57 | -0.07 |
| 立川談志 | -0.56 | 0.3 | -1.23 | -0.07 |

## 11.5　開催回数効果モデル

M-1グランプリは2010年から2015年までの期間の休止を挟むが，2001年から始まって，年に1回のペースで実施されてきた。始まってから18年が経過している。実施される回数が増えてくると，「歴代最高得点」は大会を盛り上げるのに一役買うことに加え，審査員もこうした大会で評価を行うことに慣れることで採点の基準となる点数が少しずつ変化していく可能性もある。

本節では，こうした開催回数の影響を考慮し，おもしろさから除外するモデルについて検討する。本節のモデルで新たに考慮する開催回数の影響は，複数回のM-1グランプリにわたり審査を行った審査員がいること，そしてM-1グランプリに複数回出場しているコンビがいることによって推定可能となっている。コンビごとの評価，審査員ごとの評価基準，および開催回数の効果により平均を推定する。つまり，あるコンビ（$i$）に対する評価得点（$Y_{ijo}$）はコンビごとの評価（$\theta_i$），審査員（$j$）の審査基準（$\gamma_j$）と開催回数（$o$）に特徴的な評価（$\zeta_o$）からなる平均と，誤差を分散（$\sigma_e$）とする確率モデルを検討する。本節の確率モデルは，以下のように表現できる。なお，$\theta_i$は平均0，分散$\sigma_\theta$と，$\gamma_j$は平均0，分散$\sigma_\gamma$と，$\zeta_o$は平均0，分散$\sigma_\zeta$と仮定した。

$$Y_{ijo} \sim Normal(\theta_i + \gamma_j + \zeta_0, \sigma_e) \tag{11.8}$$

$$\theta_i \sim Normal(0, \sigma_\theta) \tag{11.9}$$

$$\gamma_j \sim Normal(0, \sigma_\gamma) \tag{11.10}$$

$$\zeta_o \sim Normal(0, \sigma_\zeta) \tag{11.11}$$

### ▒開催回数効果モデルの結果

開催回数効果モデルの結果について，コンビごとのおもしろさ（$\theta_i$）の結果を表11.7に，審査員ごとの評価基準（$\gamma_j$）の結果を表11.8に，開催回数の効果（$\zeta_o$）の事後分布の95%確信区間を図11.1に示す。表11.7をみると，中川家が最もおもしろく，ますだおかだ，フットボールアワーと続くことがわかる。上位5組は第1回から第5回までの優勝者であり，初期のM-1グランプリで活躍したコンビが上位を占めている。図11.1に示されたように初期のM-1グランプリは平均を引き下げる効果をもつことがわかる。本節のモデルでは，こうしたバイアスが修正されたために，これまでとは異なる結果となったといえよう。

表11.7　おもしろさ（$\theta_i$）の事後分布の要約統計量

| 順位 | コンビ名 | EAP | post.sd | 順位 | コンビ名 | EAP | post.sd |
|---|---|---|---|---|---|---|---|
| 1 | 中川家 | 1.12 | 0.25 | 32 | DonDokoDon | -0.05 | 0.23 |
| 2 | ますだおかだ | 0.98 | 0.19 | 33 | タカアンドトシ | -0.05 | 0.23 |
| 3 | フットボールアワー | 0.85 | 0.14 | 34 | ライセンス | -0.06 | 0.23 |
| 4 | ブラックマヨネーズ | 0.77 | 0.24 | 35 | さらば青春の光 | -0.09 | 0.26 |
| 5 | アンタッチャブル | 0.72 | 0.18 | 36 | さや香 | -0.11 | 0.24 |
| 6 | パンクブーブー | 0.54 | 0.18 | 37 | アキナ | -0.13 | 0.26 |
| 7 | サンドウィッチマン | 0.51 | 0.23 | 38 | おぎやはぎ | -0.14 | 0.18 |
| 8 | 笑い飯 | 0.42 | 0.10 | 39 | ゆにばーす | -0.15 | 0.23 |
| 9 | オードリー | 0.39 | 0.23 | 40 | ハライチ | -0.18 | 0.14 |
| 10 | 2丁拳銃 | 0.30 | 0.23 | 41 | テツ and トモ | -0.19 | 0.23 |
| 11 | NON STYLE | 0.29 | 0.18 | 42 | メイプル超合金 | -0.20 | 0.21 |
| 12 | ハリガネロック | 0.29 | 0.18 | 43 | ザ・プラン9 | -0.25 | 0.23 |
| 13 | 品川庄司 | 0.26 | 0.23 | 44 | モンスターエンジン | -0.25 | 0.18 |
| 14 | ミキ | 0.22 | 0.23 | 45 | ダイアン | -0.26 | 0.18 |
| 15 | りあるキッズ | 0.19 | 0.23 | 46 | ダイノジ | -0.27 | 0.23 |
| 16 | 麒麟 | 0.19 | 0.13 | 47 | タイムマシーン3号 | -0.27 | 0.17 |
| 17 | 和牛 | 0.17 | 0.16 | 48 | 馬鹿よ貴方は | -0.27 | 0.22 |
| 18 | トレンディエンジェル | 0.16 | 0.21 | 49 | カミナリ | -0.29 | 0.20 |
| 19 | とろサーモン | 0.15 | 0.23 | 50 | スピードワゴン | -0.29 | 0.18 |
| 20 | チュートリアル | 0.14 | 0.16 | 51 | ザブングル | -0.32 | 0.23 |
| 21 | 銀シャリ | 0.14 | 0.16 | 52 | 相席スタート | -0.33 | 0.26 |
| 22 | ナイツ | 0.12 | 0.15 | 53 | 南海キャンディーズ | -0.35 | 0.15 |
| 23 | かまいたち | 0.07 | 0.23 | 54 | ハリセンボン | -0.38 | 0.18 |
| 24 | スーパーマラドーナ | 0.07 | 0.16 | 55 | 東京ダイナマイト | -0.43 | 0.18 |
| 25 | キングコング | 0.06 | 0.15 | 56 | マヂカルラブリー | -0.44 | 0.24 |
| 26 | スリムクラブ | 0.04 | 0.19 | 57 | ザ・パンチ | -0.51 | 0.23 |
| 27 | ピース | 0.02 | 0.23 | 58 | 千鳥 | -0.53 | 0.14 |
| 28 | ジャルジャル | 0.00 | 0.15 | 59 | カナリア | -0.55 | 0.23 |
| 29 | U字工事 | -0.01 | 0.23 | 60 | 変ホ長調 | -0.57 | 0.23 |
| 30 | トータルテンボス | -0.02 | 0.15 | 61 | POISON GIRL BAND | -0.60 | 0.16 |
| 31 | アメリカザリガニ | -0.04 | 0.16 | 62 | アジアン | -0.70 | 0.23 |

審査員の評価基準の結果について表11.8をみると，鴻上尚史氏と青島幸男氏の評価基準が甘めであり，博多大吉氏と立川談志氏の評価基準が厳しめであることがわかる。評価基準が甘めな2人は，筆者の知る限りではお笑い芸人としては活動しておらず，審査員の中では数少ない近接領域異分野からの審査員といえる。M-1グランプリにおいて近接領域異分野の審査員が評価する場合，平均値が高くなる傾向にある可能性を示す。M-1グランプリに出場した経験のある審査員

表 11.8　審査員の審査基準（$\gamma_j$）の事後分布の要約統計量

| 順位 | 審査員 | EAP | post.sd | 順位 | 審査員 | EAP | post.sd |
|---|---|---|---|---|---|---|---|
| 1 | 鴻上尚史 | 0.74 | 0.22 | 14 | 春風亭小朝 | -0.03 | 0.16 |
| 2 | 青島幸男 | 0.71 | 0.22 | 15 | 哲夫 | -0.07 | 0.23 |
| 3 | 西川きよし | 0.66 | 0.18 | 16 | 中川礼二 | -0.08 | 0.15 |
| 4 | ラサール石井 | 0.45 | 0.13 | 17 | 島田紳助 | -0.14 | 0.12 |
| 5 | 中田カウス | 0.40 | 0.12 | 18 | 石田明 | -0.16 | 0.24 |
| 6 | 島田洋七 | 0.37 | 0.14 | 19 | 増田英彦 | -0.16 | 0.23 |
| 7 | 宮迫博之 | 0.22 | 0.22 | 20 | 渡辺正行 | -0.16 | 0.13 |
| 8 | 富澤たけし | 0.18 | 0.23 | 21 | 松本人志 | -0.17 | 0.13 |
| 9 | 上沼恵美子 | 0.14 | 0.14 | 22 | 大竹まこと | -0.21 | 0.13 |
| 10 | 南原清隆 | 0.07 | 0.15 | 23 | オール巨人 | -0.23 | 0.14 |
| 11 | 岩尾望 | 0.04 | 0.23 | 24 | 東国原英夫 | -0.28 | 0.22 |
| 12 | 佐藤哲夫 | 0.02 | 0.23 | 25 | 吉田敬 | -0.33 | 0.23 |
| 13 | 徳井義実 | 0.02 | 0.23 | 26 | 博多大吉 | -0.81 | 0.13 |
| | | | | 27 | 立川談志 | -1.32 | 0.24 |

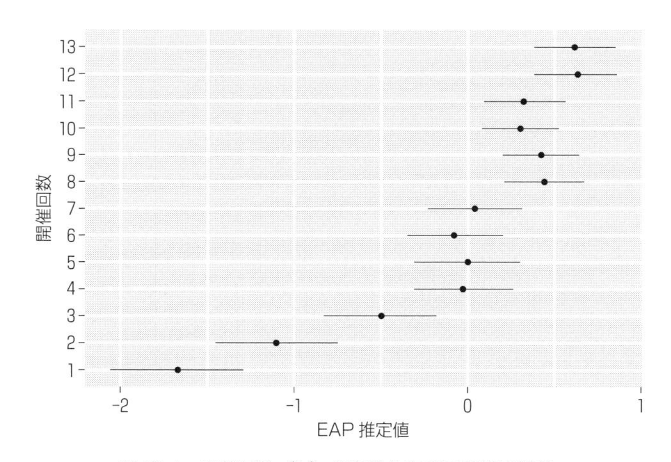


図 11.1　開催回数（$\zeta_o$）の事後分布の区間推定結果

は，博多大吉氏を除いて EAP が −0.33 から 0.18 の比較的狭い範囲に収まっていることがわかる。M-1 グランプリで優勝経験のある審査員たちの基準の類似性から，ある種の理想とする漫才イメージが，出場者たちの中で共有されていることを示すかもしれない。

各回の M-1 グランプリの得点はどのくらい漫才のおもしろさによって決定されているのか，おもしろさの分散が 1 回の M-1 グランプリの分散に占める割合[6]である信頼性係数（$\rho_\theta$）の事後分布を求めた（図11.2）。図11.2によると，おもしろさによって決定されるのは，大きく見積もっても3割ほどであることがわかる[7]。つまり，7割ほどは会場の盛り上がり方，出場の順番や何らかの偶然といった，おもしろさとは別の要素によって決勝の得点が決定されていることが示唆される。決勝に残るようなコンビでは，どのコンビにも優勝するチャンスを有することが統計的に示されたことになるだろう。

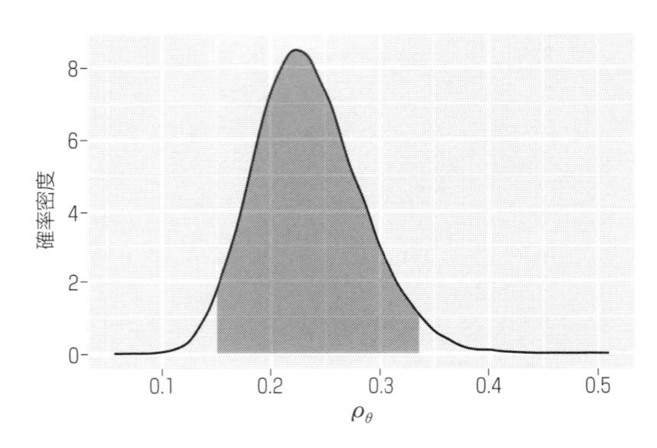


図11.2　おもしろさの信頼性（$\rho_\theta$）の事後分布

## 11.6　まとめ

本章では，M-1グランプリの決勝の得点を用いて，4つのモデルからコンビのおもしろさを推定した。コンビごとのおもしろさ，審査員の採点基準，開催回数を平均とするモデルでは中川家が最もおもしろいと推定された。今回検討したモデルには，出場順番が考慮されていなかったり，決勝のあとの優勝を決定する投票の結果が含まれていないなど，まだまだ検討すべき点も残されている。また，今回は事後分布のEAPによって順位を比較したが，95%確信区間でみると差があるとはいえない順位であることに留意しておく必要があるだろう。

今回使用したデータは，テレビを見ながら得られるデータであり，誰でも簡単に集めることができるデータである。ベイズ統計モデリングを用いると，こうし

6）信頼性係数は$\sigma_\theta^2/(\sigma_\theta^2+\sigma_\tau^2+\sigma_e^2)$によって算出した。
7）本節で検討したモデルがM-1グランプリの得点を生成する真のモデルであるという条件付きの結果であることには留意が必要である。

たデータに対しても様々なモデルを検討することが可能となり，豊かな情報を比較的簡単に抽出できるようになることが伝われば幸いである。

## 11.7 付録

開催回数を考慮したモデルの主要部分を示す。

```
model{
  //likellihood
  for(l in 1:L){
    Y[l] ~ normal(theta[idX[l]] + gamma[idY[l]] + zeta[idZ[l]], sig_e);
  }
  //prior
  theta ~ normal(0, sig_theta);
  gamma ~ normal(0, sig_gamma);
  zeta ~ normal(0, sig_zeta);
  sig_theta ~ cauchy(0,5);
  sig_gamma ~ cauchy(0,5);
  sig_zeta ~ cauchy(0,5);
  sig_e ~ cauchy(0,5);
}
```

# 第 12 章

## 顔は口ほどではないが嘘を言う
### ――SDT，MPT による二値データのモデリング――

表情は表出者の情動状態を示す[1]。楽しい時には笑顔が生じ，腹が立つ時には顔をしかめる。しかしながら，表情はいつも正直者なわけではない。なぜなら人は特定の情動を体験している“ふり”もできるのである。これは非常に恐ろしいことである。筆者による渾身のトークに心から笑ってくれているようだったあの日のあの娘の笑顔が，愛想笑いの可能性があるのだ。また，相手の嫌そうな顔を嫌な“ふり”であると誤解することで，大きなハラスメントに発展してしまう可能性もある。外に出ている表情と表出者による実際の情動体験の相違が重要となる状況は，枚挙に暇がない。

実際我々は，他者による情動体験の存在を正確に検出できるのか。この問いを明らかにするため，本章では情動体験から自然に生じた表情（体験表情）と，意図的に作成した特定の情動を体験している“ふり”の表情（意図表情）を弁別できるかを検討する。本章では，こうした表情上の情動体験を検出する能力を，①信号検出理論（SDT）と②多項過程ツリー（MPT）モデルという 2 種類のアプローチから検討する。SDT は「はい／いいえ」のような二値のデータに対して，MPT は二値以上のカテゴリカルなデータに対して適用される。

本章の目的は，「表情上に体験がある／ない」といった二値データを対象として，ライブラリ[2]を用いたベイズ解析から多くの情報を取り出す実践例を紹介することにある。参加者による判断の二値データは実験心理学ではなじみ深い指標であり（例：学習した単語の再認課題など），ライブラリを用いた解析は複雑なプログラム言語の知識を必要としないため学習コストを最小限に抑えられる。本章の実践例が，皆さんの持つデータを有効活用するヒントになれば幸いである。解析に用いるコードの詳細は Web ページにあるサンプルデータの R コードを参照していただきたい。

---

1）本章での情動は短期的に生起する比較的強度の強い感情のことを想定している。研究者や領域によって情動と感情という用語の扱いが異なる点には注意が必要である。

2）SDT では brms パッケージ（Bürkner, P. C. (2016). brms: An R package for Bayesian multilevel models using Stan. *Journal of Statistical Software*, **80**, 1-28）を，MPT では TreeBUGS パッケージ（Heck, D. W., Arnold, N. R., & Arnold, D. (2018). TreeBUGS: An R package for hierarchical multinomial-processing-tree modeling. *Behavior Research Methods*, **50**, 264-284）を用いる。

## 12.1　情動体験の弁別実験

表情上の情動体験を検出できるかを検討するため，実験を行った。30名（男性18名，女性12名；平均年齢24.00歳）の大学生・大学院生・社会人に実験に参加してもらった。情動喚起映像によって自然に生じた体験表情，「驚きの表情を作成してください」といった教示に従って作成した意図表情，さらに表情に動きがない中立表情も含めた3種類の表情を刺激として用いた。情動の種類は，幸福・嫌悪・驚き・悲しみの4種類であった。計24本の映像（4（情動）×3（表情）×2（表出者））を実験に用いた。表情映像を呈示したのち，呈示された表情刺激が特定の情動（幸福，嫌悪，悲しみ，驚き）を体験しているかという判断を参加者に行ってもらった。判断について「はい」もしくは「いいえ」で回答してもらった。表情映像はランダムな順序で呈示した。以降の解析では，体験表情と意図表情に対する判断のみを扱う。

図12.1に体験および意図表情に対して，特定の情動を体験しているかという判断で「はい」と回答した比率を示す。解析するまでもなく，我々は表情上の情動体験を検出できるかもしれない，という結論にたどり着きそうである。

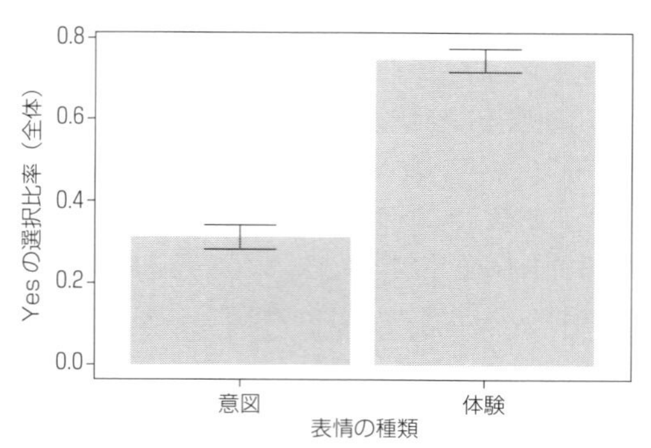


図12.1　特定の情動を体験しているかという判断で「はい」と回答した割合（エラーバーは標準誤差を示す）

しかしながら図12.1のような集約データには，個人差が十分に考慮されていない。また，「はい」と答えがちな反応傾向やその反対の傾向を持つ参加者も含まれているであろうことは直感的に理解できる。さらに，どのような認知プロセスで体験の判断が行われているかについても不明瞭なままである。以降はそうした問題に着手するため，階層ベイズモデルによるSDTおよびMPTを用いた実践例について解説する。

## 12.2 等分散を仮定した信号検出理論の階層モデル

信号検出理論（Signal Detection Theory: SDT）は刺激の強度を測定するための古典的な手法であり（Tanner & Swets, 1954[3]），心理学領域では記憶や知覚の実験においてよく用いられる。本章でSDTを用いて測定する対象は，表情上の情動体験に対する感度である。SDTの利点として，刺激検出の感度（ここでは表情上の情動体験に対する感度）と参加者の反応傾向を，それぞれ独立した指標として得られることがあげられる。

体験の有無を判断する本実験において，実験参加者の反応パターンは表12.1のように記述できる。表情上に情動体験がある時に体験があると判断した場合はヒット（hit），ないと判断した場合はミス（miss）と分類される。一方で表情上に情動体験がない時に体験があると判断した場合は誤警報（false alarm），ないと判断した場合は正棄却（correct rejection）と分類される。

表12.1　参加者の反応カテゴリー

| 判断 | 表情刺激 | |
|---|---|---|
| | 体験表情 | 意図表情 |
| 体験あり | ヒット | 誤警報 |
| 体験なし | ミス | 正棄却 |

本章でのデータをSDTの枠組みでとらえた概念図を図12.2に示す。薄い灰色の正規分布は表情上に情動体験（信号）がない場合の反応確率，濃い灰色の正規分布は表情上に情動体験がある場合の反応確率の分布である[4]。参加者は，信

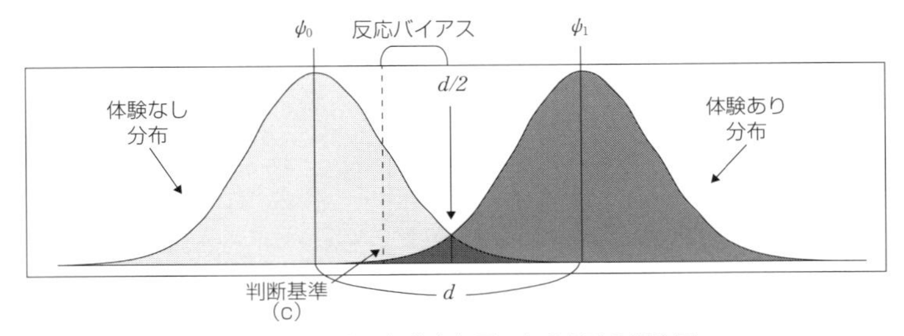


図12.2　標準正規分布を用いたSDTの概念図

3）Tanner, W., & Swets, J. (1954). The human use of information--I: Signal detection for the case of the signal known exactly. *Transactions of the IRE Professional Group on Information Theory*, **4**(4), 213-221.

号の強度がある一定以上の場合は「はい」と反応し，それ以下の場合には「いいえ」と反応するとする。その一定の判断基準が図12.2に示す点線である。2つの正規分布は同じ分散を持つものと仮定する（等分散の仮定）。これらの枠組みから表12.1に示したヒット，ミス，誤警報，正棄却が得られる確率を求めることができる。

2つの分布の最頻値の距離（$\psi_1 - \psi_0$）を信号（ここでは体験）がない場合の分布の標準偏差で割った値を，信号検出力（discriminability: $d$）とする[5)]。判断基準となる点線（response criterion: $c$）と2つの分布の中間点である$d/2$との差を反応バイアスとして評価する。$d$が大きいほど信号検出の感度が高いと判断でき，図12.2のように反応バイアスが負の値となれば，「はい」と答える傾向があると判断できる。

実はこの信号検出理論は，応答変数に二値変数を扱える一般化線形モデルによる回帰式の枠組みでもとらえることができる。ここで回帰式の形で捉える利点としては①予測子を含めた検討が容易になる，②階層性を持たせた拡張が簡便に行える，ということを理解しておけば問題ない。一つひとつ解説していこう。

$i$番目の参加者が試行$j$で「はい」と答えた場合には，観測値$y_{ij}$に1が入り，「いいえ」と答えた場合には0が入る。観測値$y_{ij}$が確率$p_{ij}$のベルヌーイ分布に従うと仮定すると，その分布は

$$y_{ij} \sim Bernoulli(p_{ij}) = p^{Yes}(1 - p^{No}) \tag{12.1}$$

と表現される。ここでの$p^{Yes}$および$p^{No}$はそれぞれ「はい」および「いいえ」と反応する確率である。さらに，プロビット変換（$\Phi$）によって標準正規分布に従う値に変えた$\eta_{ij}$を確率$p_{ij}$に対応させる。$\eta_{ij}$は$i$番目の参加者が試行$j$で呈示された表情の種類$Display_{ij}$による傾きと切片による線形結合と対応する。

$$p_{ij} = \Phi(\eta_{ij}) \tag{12.2}$$

$$\eta_i = A_i + B_i * Display_{ij} \tag{12.3}$$

このとき，$A_i$は$i$番目の参加者による判断基準の符号を変換したもの（$-c_i$）

4）SDTでは前者をノイズ分布，後者を信号＋ノイズ分布とみなす。信号検出理論に関する詳細は紙面の都合上割愛させていただいた。

5）標準正規分布を用いた図12.2では，体験なし分布の標準偏差は1であるため，最頻値の距離のみに基づいた$d$となる。

と，$B_i$は$i$番目の参加者による信号検出力（$d_i$）と値が一致する[6)]。さらに$c_i$と$d_i$の事前分布には，正規分布ではなく以下のような2変量正規分布

$$\begin{bmatrix} c_i \\ d_i \end{bmatrix} \sim Bivariate\_Normal\left(\begin{bmatrix} \mu_c \\ \mu_d \end{bmatrix}, \begin{bmatrix} \sigma_c \\ \sigma_d \end{bmatrix}, \rho\right) \tag{12.4}$$

を仮定する。$\mu_c$は判断基準の平均，$\mu_d$は信号検出力の平均，$\sigma_c$は判断基準のSD，$\sigma_d$は信号検出力のSDであり，$\rho$は$c_i$と$d_i$の相関である。事前分布として正規分布ではなく，2変量正規分布を選んだ理由は，$c_i$と$d_i$の間に相関があることが想定されるためである。計算の結果，$\rho$が正の値であるならば，信号検出の感度が高い人ほど「いいえ」反応が多く，負の値であればその反対の関連があると解釈できる。

## 12.3　ベータ分布を用いた多項過程ツリーの階層モデル

多項過程ツリー（Mutinomial Processing Tree: MPT）モデルは潜在的な認知プロセスを測定するための手法であり（Chechile & Meyer, 1976[7)]），心理学領域では記憶やソースモニタリングの実験においてよく用いられる。本章での測定対象は，表情上の情動体験を判断する参加者の認知プロセスである。MPTの利点として，特定の判断を確信している状態と確信していない状態のような複数の状態を表現できる点があげられる。

MPTモデルでは，表12.1で分類した反応カテゴリーに至るまでの認知プロセスが図12.3に示すような構造で表現できることを仮定する。図12.3は代表的なMPTモデルとされる2高閾モデル（two-high threshold model: 2HTM）である。本章での2HTMでは，$r$は体験表情から情動体験を確信して弁別できる確率を示すパラメータである。$d$は意図表情から情動体験を確信して弁別できる確率を示すパラメータである。弁別が不確実な状態（$1-r$ or $1-d$）である場合，推測パラメータを意味する確率$g$によって体験判断が決まる。$i$番目の参加者によって観測された各反応カテゴリーを$k$とすると本研究のモデルは次のように記述できる。

---

6）AおよびBと$c$および$d$の関係は付録Bにて解説する。さらなる詳細はDeCarlo, L. T. (1998). Signal detection theory and generalized linear models. *Psychological Methods*, 3, 186–205を参照。

7）Chechile, R., & Meyer, D. L. (1976). A Bayesian procedure for separately estimating storage and retrieval components of forgetting. *Journal of Mathematical Psychology*, 13, 269–295.

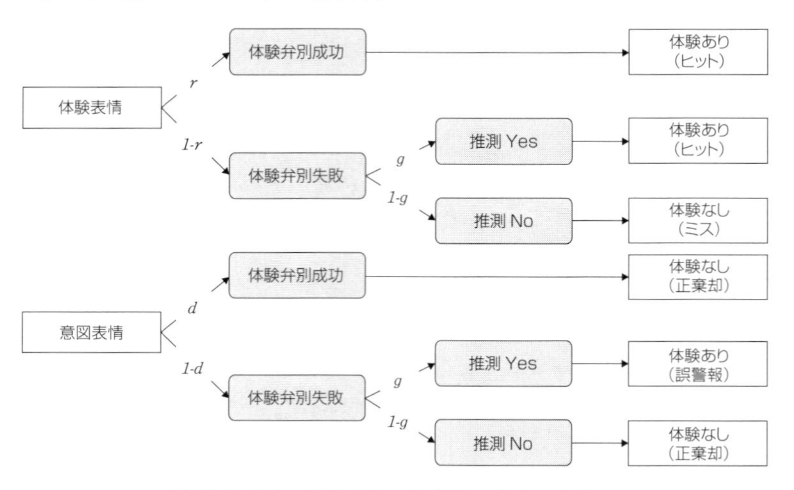


図 12.3　本章で扱う MPT（2 高閾モデル）の概念図

$$p_{\text{ヒット}i} = r_i + (1 - r_i) * g_i \tag{12.5}$$

$$p_{\text{ミス}i} = (1 - r_i) * (1 - g_i) \tag{12.6}$$

$$p_{\text{誤警報}i} = (1 - d_i) * g_i \tag{12.7}$$

$$p_{\text{正棄却}i} = d_i + (1 - d_i) * (1 - g_i) \tag{12.8}$$

$$\theta_i = \left(p_{\text{ヒット}i}, \cdots, p_{\text{正棄却}i}\right) \tag{12.9}$$

$$k_i = Multinomial(\theta_i) \tag{12.10}$$

また，本章では階層性を持たせるため，ベータ多項過程ツリーモデル（Beta MPT model; Smith & Batchelder, 2010）を用いる[8]。$i$ 番目の参加者による $r_i$, $d_i$, $g_i$ はそれぞれ $\alpha_i$ と $\beta_i$ のベータ分布

$$r_i \sim Beta(\alpha_{ri}, \beta_{ri}) \tag{12.11}$$

$$d_i \sim Beta(\alpha_{di}, \beta_{di}) \tag{12.12}$$

$$g_i \sim Beta(\alpha_{gi}, \beta_{gi}) \tag{12.13}$$

8）Smith, J. B., & Batchelder, W. H. (2010). Beta-MPT: Multinomial processing tree models for addressing individual differences. *Journal of Mathematical Psychology*, **54**, 167–183. 階層性を持った MPT は，ベータ MPT モデルのほかに潜在特性 MPT モデル（Latent-trait MPT model）がある。Klauer, K. C. (2010). Hierarchical multinomial processing tree models: A latent-trait approach. *Psychometrika*, **75**, 70–98. いずれのモデルも TreeBUGS パッケージに含まれる関数で実行可能である。

に従う。$r$, $d$, $g$ の平均およびSDはベータ分布による平均およびSDの計算方法によって導出される[9]。

さらにベータMPTモデルでは，$\alpha_i$ と $\beta_i$ の事前分布としてガンマ分布を仮定する。

$$\alpha_i \sim Gamma(1, 0.1) \tag{12.14}$$

$$\beta_i \sim Gamma(1, 0.1) \tag{12.15}$$

以上が，階層性を持たせることによって個人差を考慮したSDTとMPTのモデルである。これらのモデルを用いて実際のデータを解析することで，他者による情動体験の存在を正確に検出できるのかについて検討していこう。

## 12.4　信号検出理論による結果

まずは，SDTによる結果を確認しよう。なお，$\hat{R}$統計量はすべてのパラメータで1.1以下であり，モンテカルロ標準誤差は事後分布の標準偏差の1/10未満の値であったことから，サンプリングの収束を判断した。本章では，事後分布の点推定値としてEAP，確信区間として最高密度区間（highest density interval: HDI）を使用した。

等分散を仮定した信号検出理論の階層モデルによる結果を表12.2に示す。判断基準のみでは解釈が難しいため，反応バイアスの事後分布も生成した。表12.2の反応バイアスの結果から，特定の情動を体験しているかという判断においては特定の反応傾向は見られなかったことがわかる。さらに信号検出力の結果

表12.2　SDTによる結果

| | EAP | post.sd | 2.5% | 97.5% |
|---|---|---|---|---|
| 判断基準の平均（$\mu_c$） | 0.498 | 0.092 | 0.323 | 0.678 |
| 信号検出力の平均（$\mu_d$） | 1.200 | 0.145 | 0.921 | 1.502 |
| 判断基準のSD（$\sigma_c$） | 0.182 | 0.115 | 0.010 | 0.437 |
| 信号検出力のSD（$\sigma_d$） | 0.298 | 0.188 | 0.014 | 0.711 |
| cとdの相関（$\rho$） | -0.067 | 0.551 | -0.930 | 0.932 |
| 反応バイアス | -0.132 | 0.079 | -0.259 | 0.053 |

9）
$$Mean = \frac{\alpha}{\alpha+\beta},\ SD = \frac{\sqrt{\alpha\beta}}{(\alpha+\beta) * \sqrt{(\alpha+\beta+1)}}$$

から，情動体験という信号に参加者が敏感に反応し，情動体験の存在を正しく検出することができたことがわかる。それも 95% HDI が 0 よりも大きく離れていることから，かなり強い効果であるようだ。我々は人がある情動を実際に感じているときの表情とそうでない表情を見分けることができるといえるだろう。

また，判断基準と体験検出力のばらつきはある程度見られた一方で，それらの相関の EAP は 0 に近かった。体験検出力が大きい参加者は，判断基準も大きく（あるいは小さく）なるといったような関係性は認められなかった。

## 12.5　ベータ多項過程ツリーモデルの結果

次はベータ MPT モデルによる結果についてである。3 節で紹介した 2 高閾モデルは，推定しようとするパラメータがモデル式に対して多いため連立方程式を一意に解くことができず，分析不能に陥ってしまう。そこで以下のようなパラメータの制約パターンを考える。

制約①：確信を持って体験を弁別するパラメータが表情で異ならない：$r = \mathrm{d}$
制約②：推測による判断は常に五分五分とする：$g = 0.50$

これらのパラメータ制約による仮定はいずれも直感的に納得できるものである。本章では，体験の判断時に確信を持てない状態での判断にも興味があるとしよう。その場合は，体験表情と意図表情に対する体験弁別パラメータの比較よりも推測パラメータに興味があるので，本章では制約①によるモデルを採用することとした。

本章でのベータ多項過程ツリーモデルによる結果を表 12.3 に示す。なお，4 節と同様の指標に基づいたサンプリングの収束は事前に確認された。

表 12.3 の結果から，参加者が確信を持って体験を弁別できるのはおおむね 4

表 12.3　MPT による結果

| | EAP | post.sd | 2.5% | 97.5% |
|---|---|---|---|---|
| 体験弁別パラメータの平均（$\mu_r$） | 0.432 | 0.045 | 0.344 | 0.519 |
| 推測パラメータの平均（$\mu_g$） | 0.552 | 0.041 | 0.471 | 0.631 |
| 体験弁別パラメータの SD（$\sigma_r$） | 0.110 | 0.030 | 0.064 | 0.180 |
| 推測パラメータの SD（$\sigma_g$） | 0.113 | 0.032 | 0.059 | 0.184 |

割といった確率であり，それ以外のヒット，あるいは正棄却は推測に基づくものである可能性が示唆された。

## 12.6 考察と結論

信号検出理論の結果から，体験および意図表情に対して特定の情動を体験しているかを判断する場合，表情から情動体験の存在を正しく検出することができたことがわかる。我々の体験を見抜く能力は，他者の騙りや欺きに対抗するために生得的あるいは学習によって身につけたものであるかもしれない。いずれにせよ，あの日のあの娘の笑顔は，きっと心からの笑顔だったことであろう。さらに興味深いのは多項過程ツリーの結果である。参加者が確信を持って体験を弁別できるのはおおむね 4 割といった確率であり，それ以外は推測に基づいて回答していた可能性がモデルのパラメータによって示唆された。体験の判断に確信が持てないことは，我々も日常的に経験しているのではないだろうか。判断に確信を持てない状態，といったような日常的な経験をモデルとして落とし込めるのは，モデリングの醍醐味である。

もちろん本研究での実践にはいくつかの限界がある。まずサンプルサイズが十分ではなく，用いられた表情刺激も数が限られたものである点があげられる。さらに重要な点として，MPT のような数理モデルから得られたパラメータが厳密に名状した心理的概念に妥当するものと解釈できるかには，多くの実践が必要である。

しかしながら本章のように「はい／いいえ」のような二値データから，多くの情報が得られうることは本研究の実践例によって理解していただけたであろう。もちろん，SDT はより刺激の強度に対する感度，MPT は参加者の認知プロセスに着目しているものの，どちらが優れているのか，という議論は不毛であると筆者は考える。それよりはどちらがあなたの検討したい仮説と合致した手法であるかが，実践においては重要である。本研究での解析はすべてパッケージライブラリを用いて実践することができ，拡張も非常に容易である[10]。SDT に関してい

10） SDT については Matt Vuorre による Bayesian Estimation of Signal Detection Models, Part 2 (https://vuorre.netlify.com/post/2017/bayesian-estimation-of-signal-detection-theory-models-part-2/) が，MPT については Heck, D. W., Arnold, N. R., & Arnold, D. (2018). TreeBUGS: An R package for hierarchical multinomial-processing-tree modeling. *Behavior Research Methods*, **50**, 264-284 が参考となるであろう。

えば，信号検出力と別の変数との交互作用を検討することは有用であるだろう。たとえば「女の勘は当たる」というが，女性の体験検出はどうであろうか。すなわち，性別による信号検出力の違いを含めたSDTによる解析は，どのような結果になるのであろうか[11)]。さらに，MPTは二値以上のカテゴリカルなデータに対して適用されるモデルである。そのため，幸福な情動体験のみでなく「幸福表情を出そう」という表出意図も含まれていると判断する（体験有＋表出意図有），といったように反応カテゴリーを拡大することができる。反応カテゴリーが増えることで推定可能なパラメータの数は増加し，研究の可能性はまさにMPTが仮定するような樹木図のように広がっていく。本章をもとにデータ解析にいそしむ読者の皆様の笑顔が，あの日のあの娘の笑顔と同じく，心からの体験表情であることを祈っている。

## 12.7　付録A[12)]

brmsを用いた階層SDTのRコードおよび2高閾モデルのeqn fileを以下に示す。解析用コードの全貌はWebページにあるサンプルデータに含まれるRコードによって確認できる。

```
# SDT using brms
fitF <- brm(sayFeel ~ 1 + isFeel + (1 + isFeel | ID),
               family = bernoulli(link ="probit"), data = Tai)

# 2HTM.eqn
Target    hit     r
Target    hit     (1-r)*g
Target    miss     (1-r)*(1-g)
Lure      fa      (1-d)*g
Lure      cr      (1-d)*(1-g)
Lure      cr       d
```

11）Webページにあるサンプルデータに入っているcsvデータには性別の情報も入っている。読者自身の目で確かめてほしい。

12）brm（ ）の回帰式中の（1|ID）は切片の，（Feel|ID）は傾きの変量効果を指定している。また，TreeBUGSでは，モデルの核となる（12.5）式～（12.8）式を .eqn fileという拡張子で別途作成する必要がある。

## 12.8　付録 B

A および B と $c$ および $d$ の関係について，簡単に解説する。なお，以下に記述する確率は $\Phi^{-1}$ による変換が行われているものとする。ここでの $\tau$ は分布の標準偏差を示す。本章でのヒットおよび誤警報は以下のように記述することができる。

$$\text{Hit} = P(Y = 1 | \text{体験あり分布}) = \frac{(\psi_1 - c)}{\tau} \tag{12.16}$$

$$\text{False Alarm} = P(Y = 1 | \text{体験なし分布}) = \frac{(\psi_0 - c)}{\tau} \tag{12.17}$$

y が「はい」もしくは「いいえ」の反応，x が信号の有無を反映する変数としたうえで，$y = a + b * x$ という単純な回帰式の枠組みで解釈すると

$$P(Y = 1 | X) = A + B * X \tag{12.18}$$

と表現される。この回帰式の X が 0 の場合は以下のように記述できる。

$$P(Y = 1 | X = 0) = A + B * 0 = A \tag{12.19}$$

また，回帰式の Y が 1，X が 0 である場合は False Alarm の式と対応する。

$$P(Y = 1 | X = 0) = \text{False Alarm} = \frac{(\psi_0 - c)}{\tau} \tag{12.20}$$

(12.19) 式と (12.20) 式を展開していくと，$A = \frac{(\psi_0 - c)}{\tau}$ となることがわかる。次に回帰式の X が 1 の場合は以下のように記述でき，先ほどと同様の理由でこの回帰式は (12.16) 式と対応する。

$$P(Y = 1 | X = 1) = A + B * 1 = \frac{(\psi_0 - c)}{\tau} + B \tag{12.21}$$

$$P(Y = 1 | X = 1) = \text{Hit} = \frac{(\psi_1 - c)}{\tau} \tag{12.22}$$

(12.21) 式と (12.22) 式を展開していくと，$B = \frac{(\psi_1 - \psi_0)}{\tau}$ となる。この値は 2 つの分布の距離を分布の標準偏差で割った値であり，信号検出理論 ($d$) の

定義と一致する。さらに$\phi_0 = 0$，$\tau = 1$と仮定すると以下のように記述することができる。

$$\mathrm{P}(Y = 1 | X) = -c + d * \mathrm{X} \tag{12.23}$$

以上より，古典的なSDTの指標と回帰分析によるパラメータが一致することを示した。値の一致に関する具体例に関しては，Webページにあるサンプルデータの R コードに示しているので興味のある人はぜひ確認していただきたい。

# 第 13 章 集団メンバーの消極的な発言は他メンバーのパフォーマンスを低下させるか
## ――参加者間計画の心理学実験で得られた集団データの分析――

私たちはしばしば集団で 1 つの仕事に取り組んでいる。いつも集団のメンバー全員がやる気に満ち溢れているかといえばそうとも限らず，1 人か 2 人くらい「つまらない」「めんどうくさい」といった消極的な発言をしてしまうこともある。こうした発言は集団の他のメンバーのやる気にどのような影響を与えるのだろうか。本章ではこの問いについて実験的な手法により検討する[1)]。

## 13.1 仮説の設定

集団状況においてメンバー個人のパフォーマンスがどのような影響を受けるかは，社会心理学の分野で広く検討されてきた。その中の 1 つに「社会的手抜き (social loafing)」という現象がある。社会的手抜きとは，集団で 1 つの作業に従事し，メンバー個人の責任が見えにくい状況に置かれると，同じ作業を 1 人で行う状況に比べて，個人の発揮するパフォーマンスが低下してしまうという現象である（日本語の解説書としては釘原，2015[2)] など）。社会的手抜きを引き起こす主な要因については，協調に伴うプロセス・ロスだけでなく，個人が評価を受けにくいことや，他者の存在が努力を不要と感じさせたり緊張感を低下させたりすることによるやる気（動機づけ）の低下も考えられている。

釘原（2015）は，先行研究をレビューするなかで，社会的手抜きにつながるやる気の低下の要因として，「手抜きの同調」をあげている。集団の中に手抜きをしているメンバーがいることがわかると，自分だけが努力をするのも馬鹿らしいと感じられ，社会的手抜きが促進されてしまうというものである。この論に従えば，集団メンバーの消極的な発言は，メンバー個人の責任が見えにくい集団作業

1）本章で扱うデータは，筆者らの指導のもと，稲田真大氏が 2017 年度の卒業研究として行った実験から得られたものである。データの提供・公開について了承いただいたことに深く御礼申し上げる。なお，分析に用いたモデル・手法が異なるため，本章での推定結果と，結果に基づく考察は，稲田氏が執筆した卒業論文のものとは多少異なる。

2）釘原直樹（2015）．人はなぜ集団になると怠けるのか―「社会的手抜き」の心理学　中央公論新社

場面において，やる気を低下させるということが予測される。

## 13.2　実験の組み立てと事前の分析計画

先行研究をもとに社会的手抜きが生じやすい実験状況を設定し，消極的な発言の有無がやる気に及ぼす影響を検討する。心の働きについての仮説は「社会的手抜きが生じやすい状況において，集団メンバーが消極的な発言をすると，他のメンバーのやる気は低下してしまう」である。

仮説に基づき，後の分析も視野に入れながら実験を組み立てる。はじめに，実験状況を考える。釘原（2015）によれば，社会的手抜きが起こりやすい場面は，集団で1つの作業に従事し，メンバー個人の責任が見えにくい状況だという。また，先行研究からは，複雑な課題よりもシンプルで単調な課題の方が，手抜きが起こりやすそうなことも予想された。実際，複雑でおもしろい課題であれば，他の人がどうであろうと自分のやる気が高まる側面もありそうなので，単調で退屈な課題の方が，他の人の発言を受けてやる気は下がりそうである。そこで今回の実験では「5名程度の集団で，お互いに顔を合わせずに，短冊を輪かざりにつなぐ作業をする」という状況を設定することにした。実験参加者がどのくらいやる気を持っていたかを直接観察することはできないが，やる気の高さは作業量，つまり「制限時間以内にどれだけ多くの短冊を輪飾りにつないだか」に反映されると考えられるので，作業量を従属変数とした。実験的な手法から仮説について検討するためには，集団メンバーが消極的な発言をする実験条件と，発言をしない統制条件を設定し，条件間で作業量を比較するというのがストレートな発想だろう。そこで集団メンバーの中に実験協力者（サクラ）を混ぜておき，統制条件では何もせず，実験条件でのみ消極的な発言をしてもらうことにした。

今回の実験で検討する問いは，次の2つである。

Q1.「集団メンバーが消極的な発言をしたときの作業量の平均値が，発言をしなかったときの作業量の平均値よりも低い」という仮説が正しい確率はどのくらいだろうか。
Q2. 集団メンバーが消極的な発言をしたときの作業量の平均値は，発言をしなかったときの作業量の平均値と比べてどのくらい低くなるのだろうか。

条件間で作業量を比較し，その差を実験操作と結び付けて議論するためには，交絡する変数がないように，実験操作以外の変数を一定に統制する必要がある。参加者ごとの個人差（たとえば，手先の器用さなど）も統制してしまいたい変数の1つである。十分に大きなサンプルサイズを確保し，実験条件と統制条件に参加者をランダムに割り当てることができたなら，実験条件と統制条件で手先の器用さ等に偏りはないものとみなし，作業量の平均値を比較することもできる。しかし，時間や労力，依頼をかけられる対象の人数等には限りがあり，研究者が独力で集めることができる参加者の数は限られてしまう。そこで，実験を前半と後半の2つのブロックに分け，実験協力者には実験条件で後半の開始直前に消極的な発言をしてもらうことにした。実験操作を加える前の前半の作業量を統制変数としてモデルに組み込むことにより，条件間で生じうる個人差を一定としたときの，条件間の平均値の比較を行う。

最後に，今回の実験は集団状況で行われるため，参加者の作業量について，データが独立したものであると仮定できない可能性がある。実験室内では衝立を設置しており，お互いの作業の様子は見えないようにするが，実験室内の雰囲気・温度・光の加減など，未知の要因があって同じ集団で作業をしたメンバーの作業量は相互に類似したものになるかもしれない。そこで，マルチレベルモデルで扱われるようにデータの階層性を考慮し，「前半・後半の作業量の散らばりはグループ間の散らばりとグループ内の散らばりから成り立っている」と仮定しなければならない可能性がある。詳細については5節で述べる。

## 13.3 実際の実験手続き

実験参加者は大学生40名であった。1名は実験後に実験の目的に気づいたことを報告したため，39名（男性5名，女性36名；平均年齢19.20歳（$SD=0.95$））から得られたデータを分析に用いた。

実験はグループ単位で実施された。実験では，書面にて参加の同意を得た後，最大4名の実験参加者＋実験協力者1名で集団を組み，「大学生の集中力を調べる実験である」という偽の実験目的のもとで，輪飾りを作るように指示された（作業イメージは図13.1Aのとおり）。なお，実験室の配置は図13.1Bに示したとおりであり，参加者の間には衝立があってお互いの顔や作業をしている様子が見えないようになっていた。

メンバー個人の責任が問われない状況に設定するため，実験参加者は「この実

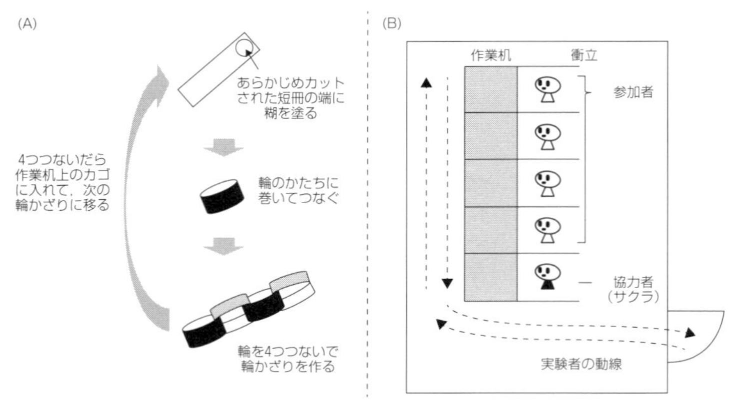

図13.1　本章で扱う実験の（A）作業内容と（B）実験室の配置

験ではグループのメンバー全員が作った輪飾りの数の合計を調べます」と教示された。実験者が作業後に輪飾りを回収する際には，個人を区別していないことを印象付けるように，袋の中に雑多に放り込んでいった。実際には，実験参加者ごとに異なる色の紙が渡されており，後から輪飾りの色を確認することで個人ごとの作業量を調べることができるようになっていた。

実験は前半・後半の2つのブロックに分けて行われた。各ブロックの作業時間は7分間であり，実験者は教示後に退出し，参加者の作業をする様子を観察していない。統制条件に割り当てられた集団では，実験協力者は何も発言することなく，黙々と作業（をするふり）をしていた。実験条件に割り当てられた集団では，後半ブロックの開始直前に，実験協力者が「つまらない作業だ。こんなものは集中しなくてもできる」と発言した。実験終了後は，実験者が参加者に対してデブリーフィング[3)]を行った。

## 13.4　事後的な分析計画の修正

今回の実験では，基本的には実験協力者1名を含めた5名の集団で作業を行う実験状況を設定していた。社会的手抜きをはじめ，社会的促進・同調などの社会心理学の現象を考えると，集団の人数が作業量に何らかの影響を及ぼすことは十

3）実験の最後に虚偽の説明があったことを伝えたり，本来の実験の目的や仮説・構造について説明を行ったりすること。

分に推測される。そのため，本来であれば参加者集団の人数は一定になるように統制を行いたかった。しかし心理学実験には，遅刻や当日のキャンセル，連絡なしの欠席がよくあり，今回も集団の人数を一定に保ったまま実験を行うことは難しかった。実際に，今回の実験では5名が揃った集団は17組中の2組であり，残りの15組は2人〜4人で人数のばらつきがあった。そこで，実験に参加した集団の人数（実験協力者含む）も統制変数として扱うことにした[4)]。

## 13.5　モデル式の組み立て

2（実験・統制）×2（前半・後半）の4つの区分ごとに作業量の箱ヒゲ図を作り，データの要約を行ったものを図13.2に示した。後半の作業量を見ると，統制群よりも実験群の方が，作業量が少なくなっているようにも見える。このデータから，Q1，Q2についての考察を行うためのモデル式を組み立てていく。

従属変数の作業量は0以上の整数値であるが，データは0よりも十分に大きい値で分散も大きいことから，正規分布に従うと仮定した。参加者$i$の後半の作業量$post_i$は，その平均値を$\mu_i$，標準偏差を$\sigma$とすると，(13.1)式のように表現される。

$$post_i \sim Normal(\mu_i, \sigma) \tag{13.1}$$

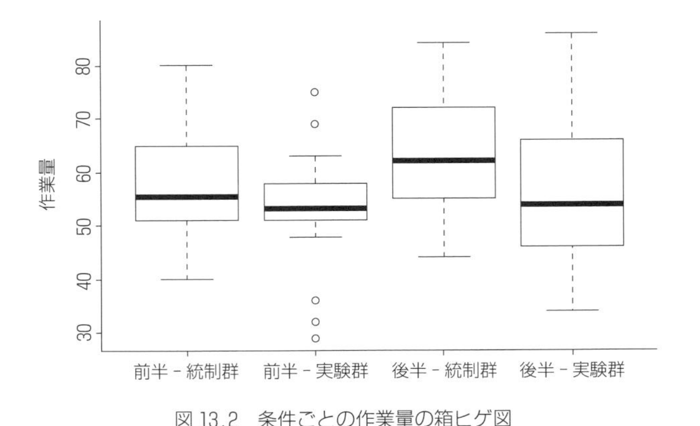


図13.2　条件ごとの作業量の箱ヒゲ図

4）1組，実験協力者の都合がつかず実験参加者のみの集団で実施した回があった。この回のデータは統制条件のものとして扱う。

2節で述べたように，今回の実験は集団状況で行われているため，参加者の作業量のデータに独立性を仮定できない可能性がある。前半と後半の作業量について，集団内の類似性を示す指標である級内相関係数の値を求めたところ，値はそれぞれ0.134，0.108となった。級内相関係数の高さは集団内の類似性の高さを示すため，値が大きい場合にはデータの階層性を仮定した分析を行う必要がある。清水（2014）[5]は級内相関係数> 0.10を基準の1つとしてあげており，この基準に従うならば，今回の実験データについても集団－個人の階層性を仮定した分析を行う必要があるだろう。

今回の分析で最も関心がある点は，消極的な発言の有無がメンバーのやる気に影響を与える程度である。この実験操作の有無は変数 *cond*（0＝統制，1＝実験）としてモデルに含める。条件の違いは集団ごとに設定されているため，変数 *cond* は集団レベルにおいて作業量に影響する変数と仮定できる。また，統制変数として集団の人数（*peerN* とする）もモデルに含める。集団の人数もまた，集団ごとに与えられる値であるため，集団レベルで影響する変数と仮定できる。

統制変数として前半の作業量もモデルに含める。前半の作業量は個人ごとに得られた値ではあるが，後半の作業量と同じ理由により，集団－個人の階層性を仮定。そこで，集団ごとの作業量の平均値を集団レベルの前半の作業量 *pre*（*gm*）とし，個人の前半の作業量から所属していた集団の集団レベルの前半の作業量を減算したものを個人レベルの前半の作業量 *pre*（*gc*）として，モデルに含めることにした[6), 7)]。

以上をふまえると，分析モデルは以下のように表現される。なお，添え字 $g[i]$ は，「参加者 $i$ が所属する集団 $g$」であることを意味する。

$$\mu_i = b_0 + b_1 \times pre(gc)_i \tag{13.2}$$

$$b_0 = \gamma_{00} + \gamma_{01} \times pre(gm)_{g[i]} + \gamma_{02} \times peerN_{g[i]} + \gamma_{03} \times cond_{g[i]} \tag{13.3}$$

$$b_1 = \gamma_{10} \tag{13.4}$$

5）清水裕士（2014）．個人と集団のマルチレベル分析　ナカニシヤ出版

6）*pre*（*gc*）を求めた変数の変換手続きは集団平均中心化と呼ばれる。

7）集団サイズが小さい場合や，集団間で集団サイズに大きなばらつきがある場合，集団ごとに変数の平均値を求めて集団レベルの変数とすることには問題が生じることもある。実際に，今回の実験データでは1人分のデータしか含まれていない集団（実験協力者がいるため集団の人数自体は2人）があり，この集団では集団平均中心化の手続きを行うと集団レベルの作業量＝実際の作業量，個人レベルの作業量＝0となる。今回は前半の作業量は統制変数であり係数値について積極的には解釈を行わないが，独立変数として扱う際にはマルチレベル構造方程式モデリングの枠組みを採用する等の対処が必要である。

$$\gamma_{00} \sim Normal(\mu_{\gamma 00},\ \tau_{00}),\ \gamma_{10} \sim Normal(\mu_{\gamma_{10}},\ \tau_{10}) \quad (13.5)$$

（13.2）式は$\mu_i$についてのモデル式の個人レベルの部分を記述している。個人レベルでの説明変数は統制変数である前半の作業量 *pre*（*gc*）のみであるため，これに係数$b_1$を乗じたものと，切片$b_0$の線型結合で記述している。

続く（13.3）式と（13.4）式はモデル式の集団レベルの部分を記述している。集団レベルでの説明変数は実験操作を反映した *cond* と，統制変数 *peerN*, *pre*（*gm*）である[8]。（13.3）式では，個人レベルの切片の値がこれらの変数の線型結合により説明されることを表している。今回の分析モデルでは，個人レベルの前半の作業量が後半の作業量を予測する程度について，なんらかの説明変数に調整されるという仮定は置いていないため，（13.4）式は（13.3）式に合わせて係数値の表現を $b$ から $\gamma$ へ置き換えるのみとなっている。これらのモデル式は，（13.3）式，（13.4）式を（13.2）式に代入することで，以下の（13.6）式のように 1 つにまとめて記述することも可能である。

$$\mu_i = \gamma_{00} + \gamma_{10} \times pre(gc)_i + \gamma_{01} \times pre(gm)_{g[i]} + \gamma_{02} \times peerN_{g[i]} + \gamma_{03} \times cond_{g[i]} \quad (13.6)$$

（13.5）式は切片と個人レベルの前半の作業量の係数の分布についての記述である。変数の事前分布には，無情報事前分布を設定した。

## 13.6　結果

前節で述べたモデルについて，Stan ver. 2.17.3 を用いて推定を行った。長さ 400000 のチェインを 4 つ発生させ，バーンイン期間を 200000 とし，得られた 800000 の乱数を利用した。

得られた推定結果を表 13.1 に示した[9]。最も関心のあった実験操作の効果に注目すると，$\gamma_{03}$の係数値は − 3.038（95% CI = [− 9.016, 3.346]）と，平均的には負の値をとっている（CI は確信区間）。係数値が 0 より小さい確率を求めると，P（$\gamma_{03} < 0$）= 0.849 となった。したがって，Q1 の検討結果については「『集団メンバーが消極的な発言をしたときの作業量の平均値が，発言をしなかっ

8）集団レベルの変数である *peerN* と *pre*（*gm*）は，分析の際に全体平均を減算している（全体平均中心化）。

表 13.1　事後分布から得られた推定値

| | 係数 | EAP | post.sd | パーセンタイル点 | | | $\hat{R}$ |
|---|---|---|---|---|---|---|---|
| | | | | 2.5% | 50% | 97.5% | |
| $\mu_{\gamma_{00}}$ | 切片 | 60.902 | 2.193 | 56.357 | 60.970 | 65.141 | 1.001 |
| $\mu_{\gamma_{10}}$ | 個人レベルの前半の作業量 | 1.007 | 0.150 | 0.717 | 1.004 | 1.309 | 1.001 |
| $\gamma_{01}$ | 集団レベルの前半の作業量 | 0.890 | 0.174 | 0.551 | 0.889 | 1.236 | 1.001 |
| $\gamma_{02}$ | 集団の人数 | 0.419 | 1.483 | -2.586 | 0.455 | 3.324 | 1.000 |
| $\gamma_{03}$ | 実験操作（発言の有無） | -3.038 | 3.112 | -9.016 | -3.079 | 3.346 | 1.000 |
| $\tau_{00}$ | $\gamma_{00}$の分散 | 3.378 | 1.735 | 0.489 | 3.246 | 7.178 | 1.001 |
| $\tau_{10}$ | $\gamma_{10}$の分散 | 0.188 | 0.148 | 0.022 | 0.153 | 0.560 | 1.002 |
| $\sigma$ | 作業量の標準偏差 | 6.059 | 0.946 | 4.525 | 5.972 | 8.160 | 1.001 |

たときの作業量の平均値よりも低い』という仮説が正しい確率は84.9%である」となる。また，Q2の検討結果については$\gamma_{03}$の推定値を解釈することになるが，このままでは平均値差が実質的に意味のある値かどうかが判断しがたい。そこで，生成量として，平均値差が標準偏差を基準としてどのくらい大きいかを示す効果量$\gamma_{03}/\sigma$と，平均値差が平均的な作業量を基準としてどのくらい大きいかを示す割合$\gamma_{03}/\mu_{\gamma 00}$を求めた[10]。効果量の推定結果は－0.507（95% CI＝[－1.535, 0.569]）であり，「集団メンバーが消極的な発言をしたときの作業量の平均値は，発言をしなかったときの作業量の平均値よりも標準偏差のおよそ50.7%小さくなる」と言える。また，割合の推定結果は－0.049（95% CI＝[－0.141, 0.058]）であり，「集団メンバーが消極的な発言をしたときの作業量の平均値は，発言をしなかったときの作業量の平均値のおよそ4.9%小さくなる」と言える。ただし，95%確信区間の範囲内に条件間で差がないことを意味する値を含んでいる点には，解釈の際に注意が必要である。

9）統制変数に着目すると，前半の作業量については個人レベルの係数値が1.007（95% CI＝[0.717, 1.309]），集団レベルの係数値が0.890（95% CI＝[0.551, 1.236]）と，いずれも正の値をとっている。前半の作業量が多かった個人／集団ほど後半の作業量も多い傾向にあったと読み取れる。手先の器用さや，輪飾りを作ることを楽しむ程度などの何らかの個人差が，前半と後半の作業量に安定して影響していたことの現れと考えられる。ただし，脚注7に示した理由から，これらの前半の作業量についての係数値を具体的に解釈する際には注意が必要である。一方，集団の人数の係数については0.419（95% CI＝[－2.586, 3.324]）であり，正の値ではあるものの，95%確信区間もふまえると，正負いずれかに一定の影響を及ぼしていたとは考えにくい。

10）統制変数はいずれも中心化されて平均値が0のため，（13.7）式より，切片の平均値$\mu_{\gamma 00}$は前半の作業量や集団サイズが平均値をとるときの，統制条件での後半の作業量の平均値の予測値になる。

## 13.7 考察

分析結果より，今回の実験状況において「集団メンバーが消極的な発言をしたときの作業量の平均値が，発言をしなかったときの作業量の平均値よりも低い」という仮説の正しい確率は84.9%であった。また，平均値の差は作業量の標準偏差のおよそ50.7%であり，平均的な作業量のおよそ4.9%であることが推定された。では，この結果をどのように解釈すればよいだろうか[11]。

まずは実践的な観点で考えてみる。「社会的手抜きが生じやすい状況において，集団メンバーが消極的な発言をすると，他のメンバーのやる気は低下してしまう」という心の働きの仮説に基づいて立てられた実験上の仮説は84.9%の確率で正しいと推定された。これは直感的には大きめな値に思われる。集団で作業をする場面では，消極的な発言が起きないようにした方がいいし，消極的な発言があったときには集団のやる気を鼓舞するように働きかけた方がよいだろう。あるいは，そもそも消極的な発言が起きそうな退屈な作業をする際には，個人の責任がわかりやすいようにするなど，社会的手抜きが生じにくいように環境を整えることも有効かもしれない。ただし推定結果に基づけば，低下するとしてもその平均値の差は標準偏差のおよそ50.7%で，平均的な作業量のおよそ4.9%である。競争の厳しい場面や精密さの求められる場面では重要な差となるが，時間や体力に余裕があったり，やり直しがきいたりする場面などでは，そこまで目くじらを立てなければならない差ではないかもしれない。

一方で，心理学の学問的な観点から考えた場合，心の働きの法則として「集団のメンバーが消極的な発言をすると，他のメンバーのやる気が低下してしまう」とまで主張するには，今回の結果はやや根拠が弱い。消極的な発言を受けた時に，人がどのような認識を形成するかもふまえて，より詳細な心の働きを考えるべきであろう。他の統制すべき変数や考慮すべき調整変数などを考慮した実験を重ねることで，「集団のあるメンバーが消極的な発言をしたときに，他のメンバーのやる気がどのような影響を受けるか」というリサーチクエスチョンに対して，より確からしい心の仮説モデルの構築を目指すことが必要である。

---

11) 本章では紙面の都合で省略するが，前半の作業量を統制変数に加えない場合や階層データとして扱わなかった場合，これらの値は高めに推定されてしまう。

## 13.8 付録

以下に，本章のモデル式の主要部を示す。

```
data{
  int N; //サンプルサイズ
  int G; //集団の数
  int < lower = 0 > post[N]; //後半の作業量
  real pre[N]; //前半の作業量（個人レベル）
  real preg[N]; //前半の作業量（集団レベル）
  real peerN[N]; //集団の人数
  int < lower = 0, upper = 1 > cond[N]; //実験操作の有無
  int < lower = 1, upper = G > group[N]; //集団の番号
}
parameters{
  vector[2] gamma_0; //gamma_00, gamma_10 の平均値
  vector[2] b[G]; //gamma_00, gamma_01
  vector[3] gamma0_; //gamma_01, gamma_02, gamma_03
  vector < lower = 0 >[2] tau; //tau_00, tau_10
  real < lower = 0 > sigma; //後半の作業量の標準偏差
}
transformed parameters{
  real mu[N]; //後半の作業量の平均値
  for(i in 1:N) //式(6)
    mu[i] = b[group[i]][1] + b[group[i]][2]*pre[i] +
                          gamma0_[1]*preg[i] + gamma0_[2]*peerN[i] +
                          gamma0_[3]*cond[i];
}
model{
  gamma_0 ~ normal(0, 100); //gamma_00, gamma_10 の平均値の事前分布
  tau ~ cauchy(0,100); // tau_00, tau_10 の事前分布
  gamma0_ ~ normal(0, 100); //gamma_01, gamma_02, gamma_03の事前分布
  sigma ~ cauchy(0, 100); //後半の作業量の標準偏差の事前分布
  for(i in 1:G)
    b[i] ~ normal(gamma_0, tau); //式(5)
  for(i in 1:N)
    post[i] ~ normal(mu[i],sigma); //式(1)
}
```

# 第14章

## いつになったら原稿を書くのか？
## ——執筆量モニタリングにおける変化点検出——

論文や原稿を執筆するのは，決して楽な作業ではない。むしろ，つらい作業といえる。まさに，この文章を書いている時も，「締め切りに間に合うのか？」「この内容でよいのか？」などの雑念が頭を駆け巡り，気がつけば執筆には無関連の調べ物をしてしまっている。世の中には，論文や原稿の生産性が非常に高い研究者や職業人も多い。筆者もそのような生産性の高い研究者になれたらと思うが，なかなか簡単にはいかない。読者の中にも，筆者に強く共感される方もおられるかもしれない。

### 14.1 執筆量モニタリング

『できる研究者の論文生産術』[1)] のような書籍も出版されていることから，我々のような論文や原稿の執筆がなかなか進まない人は，どうも世の中に多くいるようである。遅筆に悩む筆者は，邦訳版の『できる研究者の論文生産術』が出版されるとすぐに読んでみた。『できる研究者の論文生産術』によると，原稿や論文執筆の生産性を高くするには，以下の２点が重要とされる。

> ①執筆に関する目標と執筆スケジュールを作り，それに従って執筆する。
> ②執筆量をモニタリングする。

①の執筆スケジュールについては，『できる研究者の論文生産術』をしっかり読んでいただくことにして，本章では，②の執筆量モニタリングの方法とそこで得られたデータの解析について扱う。

『できる研究者の論文生産術』では，Excel を使って，毎日の執筆を記録する執筆量モニタリングの例があげられている。しかし，毎日忘れずに執筆量を記録するのは難しいと多くの方は感じられるのではないかと思う。筆者も過去に何度か Excel で執筆量の管理をしたことがあったが，１週間も継続することができな

---

1）Silvia, P. J. (2007). *How to write a lot*. Washington, DC: American Psychological Association. 高橋さきの（訳）(2015). できる研究者の論文生産術　講談社

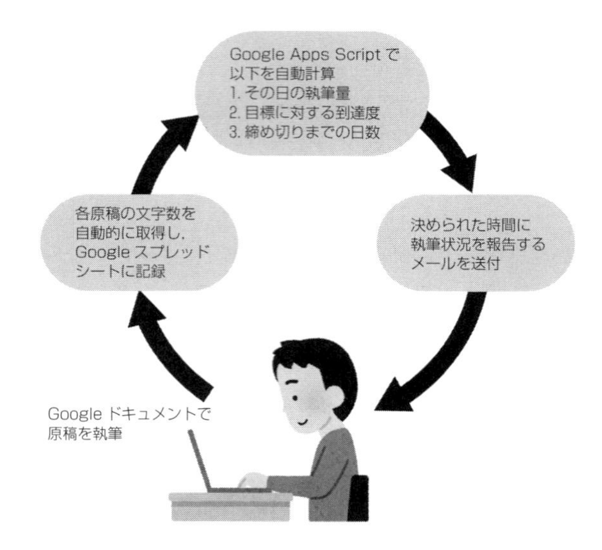


図 14.1　執筆量自動記録・報告システムの概要

かった。そもそも，毎日，自分の書いた原稿の文字数をマメに記録できるような人は，毎日しっかり原稿を書いている可能性が高いのではないかと思われる。少々ズボラな人であっても執筆量モニタリングができるように，原稿の執筆量を自動的に管理できないものか。

上記のようなこともあり，筆者は Google Apps Script を用いて，自動執筆量記録・報告システム[2]を作成した。図 14.1 にあるように，このシステムを使うと，原稿を Google ドキュメントで書けば，自作の Google Apps Script によって，執筆文字数・語数を記録し，その日の執筆量・到達度・締め切りまでの日数などを計算してメールで報告することを自動化できる。最初に設定しておけば，毎日の執筆量の記録とメール報告は自動化されるので，ズボラな人でも執筆量モニタリングが簡単にできる。

## 14.2　執筆量データ

自動執筆量記録・報告システムを使うと毎日の執筆量のデータが蓄積される。

2）筆者のホームページ（https://kunisatolab.github.io/main/how-to-google-doc.html）にて，自動執筆量記録・報告システムの準備方法を公開している。

以降では，この蓄積された筆者の執筆量データに対してベイズ統計モデリングを行う。ベイズ統計モデリングを行ううえでの筆者の関心は，締め切りのどのくらい前の時点で執筆が本格的になるのか（加速するのか）という執筆量の変化点の検出にあった。というのは，学生の論文指導などでもコツコツ執筆することやスケジュールを立てることの意義をしつこく説明しているが，自分はちゃんとできているのか気になったためである。

解析対象とした執筆量データは，記録を開始した2017年5月19日から2018年1月28日の間のデータとした。さらに，解析の組入基準として，①上記の期間のうちに執筆を開始し，執筆が完了した原稿，②1,000字以上の原稿，③日本語で執筆された原稿，の3点を設定した。その結果，7本の原稿が解析対象になった（表14.1）。7本の原稿の執筆終了時の合計文字数は，平均12,190字（範囲は，4,941字から21,748字）であった。表14.1には，合計文字数以外に，動機づけの列がある。これは，執筆している原稿に対する筆者の動機づけの高低を評価したものである。自分の研究の専門性にかかわる原稿は動機づけが高いと評価したが，自分の専門とは異なるような原稿やあまり書いていて楽しめない原稿は動機づけが低いと評価した。

表14.1　各原稿の文字数と動機づけ

| | 合計文字数 | 動機づけ（1＝高，0＝低） |
|---|---|---|
| 原稿1 | 18,014 | 1 |
| 原稿2 | 8,308 | 0 |
| 原稿3 | 5,162 | 0 |
| 原稿4 | 4,941 | 0 |
| 原稿5 | 21,143 | 1 |
| 原稿6 | 6,016 | 0 |
| 原稿7 | 21,748 | 1 |

## 14.3　データの可視化

まずは，データを確認するために，可視化を行った。執筆開始から終了までの各日における累積執筆量（文字数）をプロットした（図14.2）。残念ながら，この図14.2を見ただけでも，スケジュールに従ったコツコツ執筆スタイルではなく，締め切りの直前に急激に執筆をしている様子がうかがえる。目視レベルでも，執筆量が急激に増える変化点が推測できる原稿もある。

各原稿の開始時期は異なるので，時間は日付ではなく，執筆開始から終了まで

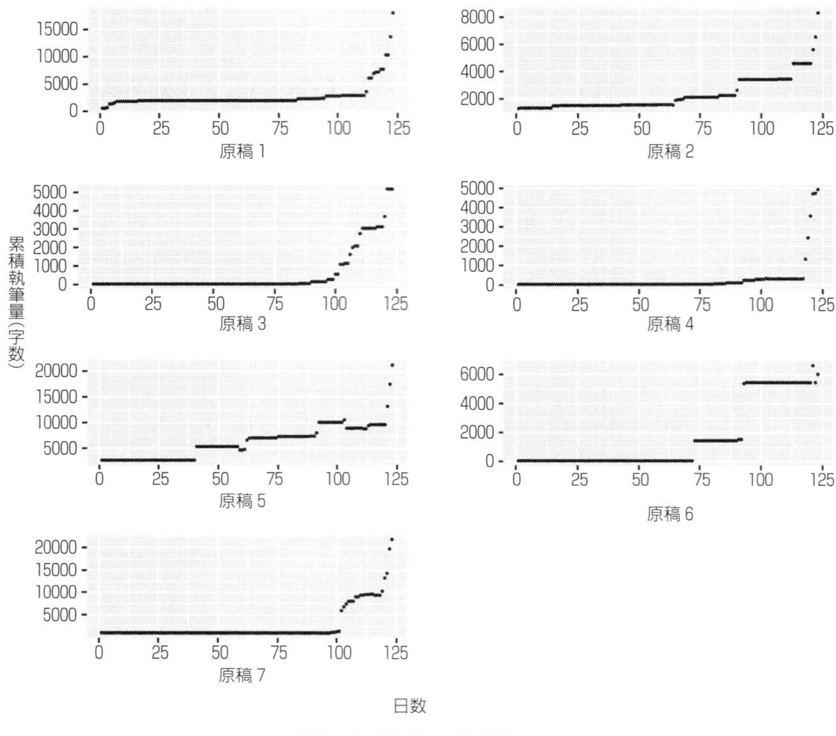


図 14.2　各原稿の執筆状況

の日数にしている。また，執筆開始から終了までの日数も原稿によって異なり，読者がこのデータを扱う際に非常に煩雑になると考えた。そこで，終了から逆算して 123 日前を執筆開始日に設定し，すべての原稿で執筆開始から終了までが 123 日間になるように調整を行った。このような調整は，厳密な意味で執筆開始からいつの時点で執筆が加速するのかを検討するうえでは問題になるが，締め切りの何日前から執筆が加速するのかに今回は関心があるので，大きな問題はないかと思われる。

## 14.4　変化点検出モデル

変化点検出モデルとしては，様々なモデルが提案されているが，Lee & Wagenmakers（2013）[3] でも紹介されている変化点（change point: cp）の前後で異なる平均をもった正規分布からデータが生成されるモデルを用いる。今回のデータは累積執筆量なので，この変化点検出モデルは，以下のように書くことができる。

```
if day ≦ cp
  text[day]~Normal(text[day -1]+ μ1,σ)
else
  text[day]~Normal(text[day -1]+ μ2,σ)
```

つまり，特定の日（day）が変化点（cp）を超えない場合は，前日までの累積執筆量（text［day−1］）に$\mu_1$を足したものを平均とした正規分布からその日の累積執筆量が生成されるとし，特定の日数が変化点を超えた場合は，それまでの累積執筆量（text［day−1］）に$\mu_2$を足したものを平均とした正規分布からその日の累積執筆量が生成される（標準偏差は共通）というモデルである。なお，1日目は，それまでの累積執筆量が0なので，$\mu_1$を平均とした正規分布から1日目の執筆量が生成される。

イメージしやすいように，具体的に変化点のある累積執筆量のデータ生成過程をシミュレーションしてみよう。ここでは，31日の執筆期間があり，変化点が23日目にある場合を想定してみる。変化点の23日目までは，前日までの累積執筆量に50を足したものを平均とした正規分布（標準偏差は30）から累積執筆量が生成され，24日以降は，前日までの累積執筆量に400を足したものを平均とした正規分布（標準偏差は30）から累積執筆量が生成される。式にすると次のように書くことができる。

```
if day ≦ 23
  text[day]~Normal(text[day -1]+ 50,30)
else
  text[day]~Normal(text[day -1]+ 400,30)
```

上記の式に従って，シミュレーションを行うと図14.3のようになる。23日を境にして，執筆が加速している様子を見て取ることができる。このモデルにおいて，前日までの累積執筆量（text［day−1］）に追加される$\mu_1$や$\mu_2$は，その日の執筆量を生成する正規分布の平均に対応する。なお，解析にあたり，累積執筆量

3）Lee, M. D., & Wagenmakers, E. J. (2013). *Bayesian cognitive modeling: A practical course*. Cambridge, UK: Cambridge University Press. 井関龍太（訳）・岡田謙介（解説）(2017). ベイズ統計で実践モデリング：認知モデルのトレーニング　北大路書房

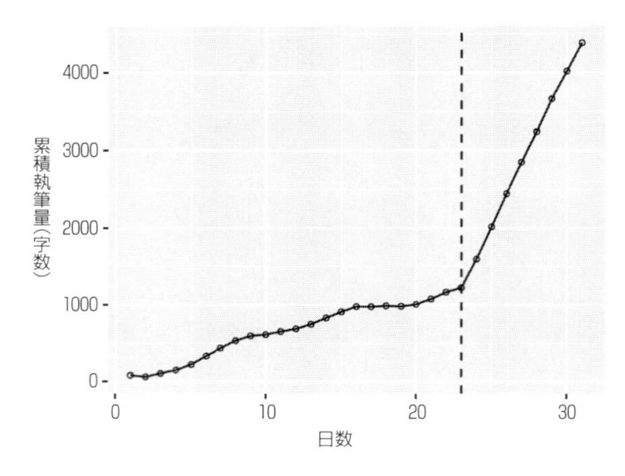


図14.3　変化点検出モデルのシミュレーション

ではなく，前日との差分による当日の執筆量データを用いることもできたが，得られた累積執筆量データを視覚的にイメージしやすいままモデリングするために，累積執筆量のモデリングを行っている。

変化点検出モデルを用いて，事後分布を推定するのにあたり，今回はStanを用いる。しかし，変化点のような離散パラメータは現状のStanでは直接推定できないので，Stan Modeling Language: User's Guide and Reference Manual[4]や松浦（2016）[5]を参考に周辺化消去を行った。周辺化消去とは，場合の数をすべて数え上げて，おのおのの場合の確率を算出して和をとることで，離散パラメータを消去する方法である[5]。たとえば，今回のデータの場合，変化点を離散パラメータとして推定するのではなく，変化点としてあり得るすべての場合の確率を計算して和をとることで，変化点を消去し，平均や標準偏差などのパラメータを推定する。なお，変化点は1日目から123日目までのすべての日があり得るので，どの時点が変化点であるのかについての事前確率はすべて等しいと仮定できる。そして，変化点を境にして，前日までの累積執筆量 $+\mu_1$ を平均とした正規分布と，前日までの累積執筆量 $+\mu_2$ を平均とした正規分布の2つの正規分布があるので，混合分布として対数尤度を計算する。7節の付録にあるように，trans-

4）Stan Development Team（2017）15.Latent Discrete Parameters. *Stan Modeling Language: User's Guide and Reference Manual*. Version 2.17.0.

5）松浦健太郎（2016）．StanとRでベイズ統計モデリング　共立出版

formed parameters ブロックにおいて，変化点（cp）が1日目の場合から123日目の場合まで，それぞれの変化点における123日分の対数尤度の合計を計算する。それらは要素数が123のベクトルになる。それを log_sum_exp（ ）に入れて，すべての変化点の対数尤度を合計したものを使ってパラメータ推定を行う。変化点前の$\mu_1$と変化点後の$\mu_2$と標準偏差の他に，各変化点における対数尤度も推定される。そして，その各変化点における対数尤度が最も大きな値の時点が変化点になる。なお，今回はモデルと Stan コードのわかりやすさを優先したため，変化点検出モデルにおける推定の高速化については触れなかった。正規分布を用いた変化点検出モデルの高速化については松浦氏のブログ記事[6]を参考にするとよい。

上記の変化点検出モデルに関して，Stan を用いて，ハミルトニアンモンテカルロ法によるパラメータ推定をした。長さ5500のチェインを4つ発生させ，バーンイン期間を500，間引きを4とし，合計5000サンプルを用いた。各パラメータの$\hat{R}$は，すべて1.1以下であり，事後分布へ収束していると判断した。

## 14.5　いつになったら本格的に原稿を書き始めるのか？

変化点検出モデルを用いて推定された変化点を表14.2にまとめた。「変化点(開始してからの日数)」より，「変化点（締め切りまでの日数)」の方がわかりやすいかと思われる。この結果から，4か月近く前から取り組んでいるにもかかわらず，多くの原稿が締め切り直前の数日前から本格的に執筆を開始しているのがわかる。1か月前から本格的に執筆しているようなら指導学生からの信用を失わ

表 14.2　各原稿の変化点

| | 合計文字数 | 動機づけ（1＝高，0＝低） | 変化点（開始からの日数） | 変化点（締め切りまでの日数） |
|---|---|---|---|---|
| 原稿1 | 18014 | 1 | 121 | 2 |
| 原稿2 | 8308 | 0 | 120 | 3 |
| 原稿3 | 5162 | 0 | 119 | 4 |
| 原稿4 | 4941 | 0 | 117 | 6 |
| 原稿5 | 14888 | 1 | 120 | 3 |
| 原稿6 | 21143 | 1 | 123 | 0 |
| 原稿7 | 6016 | 0 | 119 | 4 |

6）松浦健太郎氏のブログ記事（http://statmodeling.hatenablog.com/entry/cumulative_sum-to-reduce-calculation）

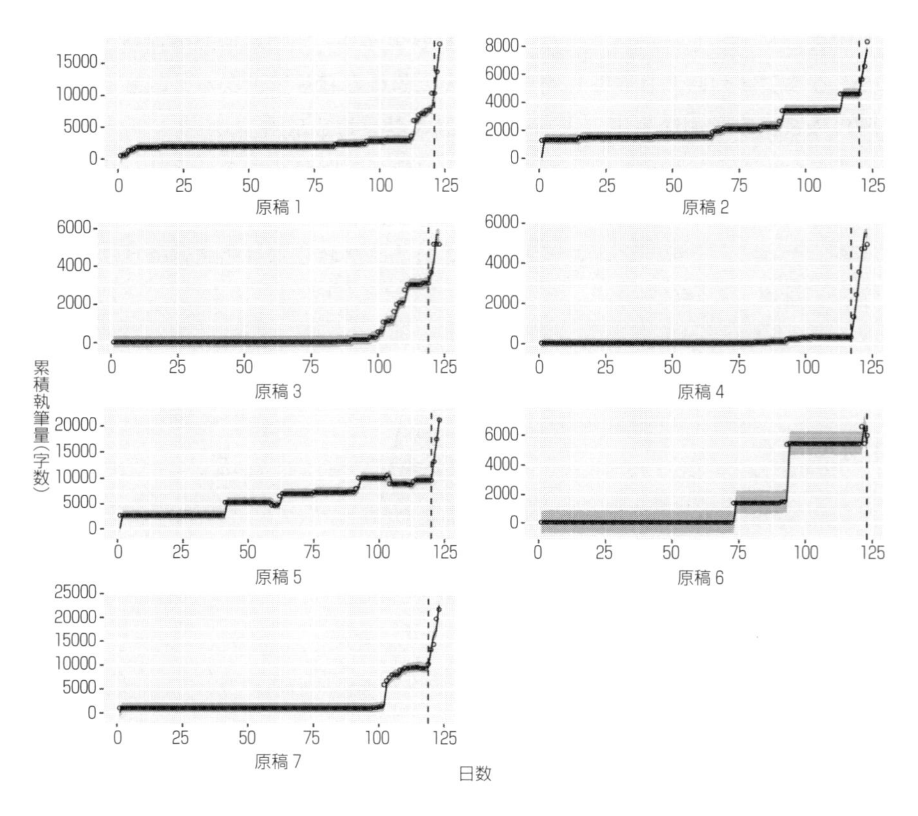


図 14.4　変化点を追加した各原稿の執筆状況

ずに済みそうであるが，締め切りの数日前というのは，指導教員として顔が立たなくなる少々不都合な結果となってしまった。データは，時として残酷である。

表 14.2 で示した変化点を各原稿の執筆状況に追加した（図 14.4）。縦の破線は変化点，実線は事後予測分布の中央値，灰色の帯は 95%予測区間である。このように可視化してみると，今回の変化点検出モデルでは，執筆の変化量が大きく変わる締め切り前のラストスパートの開始を変化点として推定していることがわかる。原稿 6 に関しては，変化点が最終日の 123 日になっており，モデルがデータにあまりフィットしていないため，95%予測区間も他の原稿よりも大きくなっている。原稿 6 は数段階の変化をしているようにも見えるので，多変化点のモデルを用いる必要があったかもしれない。

7 節の付録にあるように，generated quantities ブロックにおいて，生成量を追加することで，離散パラメータをサンプリングして変化点を評価することもで

表 14.3 各原稿の変化点

| | 変化点の相対度数 |
|---|---|
| 原稿 1 | 1.00 |
| 原稿 2 | 1.00 |
| 原稿 3 | 0.92 |
| 原稿 4 | 1.00 |
| 原稿 5 | 1.00 |
| 原稿 6 | 0.89 |
| 原稿 7 | 0.98 |

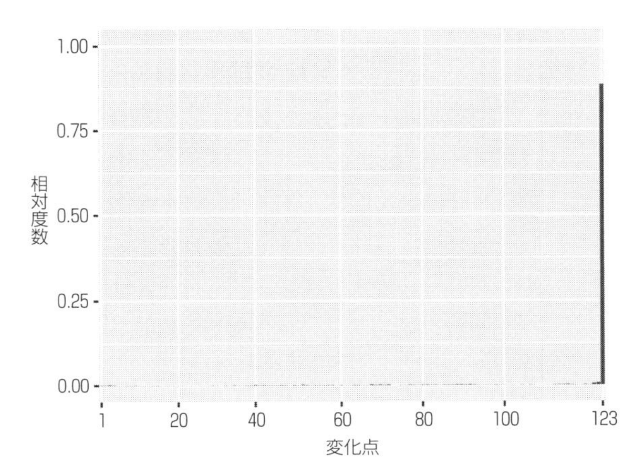


図 14.5 原稿 6 における変化点の相対度数

きる。離散パラメータをサンプリングし（5000 サンプル），得られた変化点の相対度数を算出したものを表 14.3 にまとめた。表 14.3 から，原稿 1，2，4，5 は，相対度数が 1.00 であり，安定して変化点が推定できていると考えられる。一方，原稿 3，6，7 は，やや相対度数が低くなっている。原稿 6 の変化点の相対度数について可視化したところ（図 14.5），原稿 6 の変化点である 123 日目は確かに他の日に比べると相対度数が高いが，1 から 122 日の範囲にも幅広く変化点が散らばってもいる。このことからも，今回の変化点検出モデルは，原稿 6 には適してなかったかもしれない。変化点の検出だけであれば，ベイズ統計モデリングを用いる必要は必ずしもないが，このような柔軟な離散パラメータの評価が可能な点は，ベイズ統計モデリングの利点である。

今回は 7 つの原稿しか解析の対象にできなかったので，モデル化には至らなかったが，原稿に対する動機づけや合計文字数によって変化点が変わる可能性がある。そこで，変化点と動機づけ，変化点と合計文字数について可視化した（図 14.6）。動機づけが高いほど変化点が早く，合計文字数が多いほど変化点が早いのではないかと予想したが，図 14.6 からはそのような関係は読み取れなかった。すべての原稿の変化点が締め切り前の 7 日間の範囲なので，そもそもあまり差に意味がないかもしれない。また，今回用いたモデルでは，原稿執筆のラストスパートに関する変化点を推定しており，原稿 5 でみられるような，早めからコツコツ執筆するようなスタイルをうまくモデリングできてなかったので，これらの関連が認められなかった可能性もある。執筆量データの蓄積は苦労なく自動的に

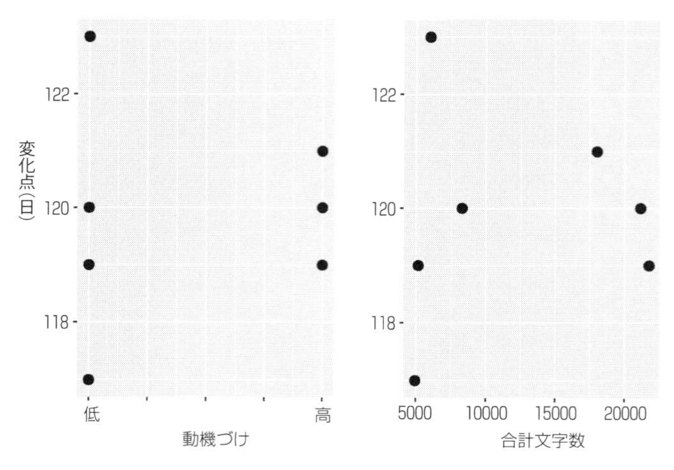


図 14.6 変化点と動機づけや合計文字数との関連

なされるものなので，今後のさらなるデータ蓄積を待って，変化点に影響する要因の検討ができるとよいかもしれない。

## 14.6 おわりに

本章では，筆者の執筆量データに対して，異なる平均をもった正規分布による変化点検出モデルを用いたベイズ統計モデリングを行った。非常にシンプルなモデルではあったが，筆者が自身の執筆スタイルや学生指導を見直すきっかけになるような知見を得ることができた。さらに，今回用いたモデルのような変化点検出はベイズ統計を必ずしも必要とはしないが，生成量を用いた柔軟な評価が可能な点と多変化点や正規分布以外の分布に拡張することも可能な点などがベイズ統計学の利点になる。今後も執筆量自動管理を継続し，データを蓄積し，時にベイズ統計モデリングを用いた振り返りをしつつ，生産性の高い研究者になるという決意とともに筆を置くことにする。

## 14.7 付録

変化点検出モデルのコードを以下に示す。

```
transformed parameters {
  vector[n] lp;                //各 CP の対数尤度を格納する場所
  lp = rep_vector(0, n);       //最初に 0 が並んだベクトルを格納
  for (cp in 1:n){             //for 文を使って，1 から 123 まで全ての cp を検討
    for (t in 1:n){            //for 文を使って，特定の cp における各時点(t)を検討
      if(t <= cp){             //cp 以下の時点の場合
        if(t = 1){            //cp 以前かつ時点が 1 の場合の対数尤度の計算
          lp[cp] = lp[cp] + normal_1pdf(text[t] | mu_1, sigma);
        }else{
          //cp 以前の場合の対数尤度の計算
          lp[cp] = lp[cp] + normal_1pdf(text[t] | text[t-1] + mu_1, sigma);
        }
      }else{
          //cp 以後の場合の対数尤度の計算
          lp[cp] = lp[cp] + normal_1pdf(text[t] | text[t-1] + mu_2, sigma);
      }
    }
  }
}

model {
  //全 cp における対数尤度を指数変換した上で和をとって対数変換
  target += log_sum_exp(lp);
}

generated quantities{
  //生成量で離散パラメータ CP をサンプリング
  int < lower = 1, upper = n > cp_s; //サンプリングされた cp
  //categorical_logit_rng()で，各 CP の対数尤度のベクトルから cp をサンプリング
  cp_s = categorical_logit_rng(lp);
}
```

# 第15章
# 探すのに集中しているときとそうでないときで何が違うのか？
## ——指数－正規分布の階層モデリング——

ものを探すという行動は日常的に馴染み深いものであるが，その目的は様々である。たとえば，なくし物を探す状況のように探索に集中することがあるだろう。また，帰る時のために目印を覚えながら目的地を探すといったように，探索と同時に他のことを行う場合もある。本章では，このような探索目的の違いが探索刺激の検出時間にどのような影響を与えるかを，階層モデルで検討する。加えて，1条件あたりの試行数の違いがパラメータの推定に与える影響も議論する。

## 15.1　伝統的な反応時間の分析方法

反応時間とは，刺激が提示されてから実験参加者が反応を行うまでの時間である。実験心理学の研究では，様々な条件で反応時間を測定し，比較することで，人の認知的な処理に伴うプロセスを推測する。たとえば，Treismanは画面に含まれる妨害刺激の数を操作し，2種類の探索プロセスを明らかにした[1]。1つは並列的な探索プロセスである。この場合，妨害刺激の数が増えても探索時間はほぼ変わらない。もう1つは系列的なプロセスである。この場合，妨害刺激に1つずつ注意を向けるため，妨害刺激が増えるほど探索時間が長くなる。

反応時間は試行ごとのばらつきがかなり大きい。このため，反応時間を測定する実験では，1条件あたり数十試行以上の繰り返しを行う。その後，実験参加者ごとに各条件の反応時間の平均値[2]を算出する。この平均値を各個人の条件の代表値として，$t$検定や分散分析等の統計的検定を行う。

しかし，単純に反応時間の平均値を求め代表値とすることによって，試行間でのバラツキの情報は失われてしまう。たとえば，2人の参加者それぞれの反応時

---

1）Treisman, A. M., & Gelade, G. (1980). A feature-integration theory of attention. *Cognitive Psychology*, **12**, 97-136.

2）各条件の平均値から2.5または3標準偏差以上離れた値を外れ値として除外したうえで，平均を算出することもある（トリム平均）。

間の平均値が0.5秒だったとしても，一方の人の標準偏差は0.1で，もう1人の標準偏差が0.3だとしたら，平均値の持つ意味は異なるだろう。また，そもそも反応時間の分布は，正規分布のような左右対称の形状をしておらず，通常は正の方向にすその長い形状をしている。このため，単純に平均値のみを分布の代表値として使用することには若干問題がある[3]。

## 15.2　指数－正規分布の利用

こうした問題を改善する方法の1つは，反応時間データにより適した形状の分布を当てはめ，その分布を特徴づけるパラメータを推定する方法である。この方法では，ワイブル分布やワルド分布など，様々な分布を使用する。本章では実装の容易さおよびパラメータの理解しやすさの点から，指数－正規分布（exponentially modified Gaussian distribution）を利用する。指数－正規分布は，正規分布と指数分布の確率変数の和の分布であり，その確率密度関数は次式で表される[4]。

$$f(x \mid \mu, \sigma, \lambda) = \frac{\lambda}{2} \exp\left(\lambda\mu + \frac{\lambda^2\sigma^2}{2} - \lambda x\right) \mathrm{erfc}\left(\frac{\mu + \lambda\sigma^2 - x}{\sqrt{2}\sigma}\right) \qquad (15.1)^{5)}$$

指数－正規分布は正規分布の右のすそが長くなったような形状をとり，この分布の形状は3つのパラメータ（$\mu$，$\sigma$，$\lambda$）によって決まる（図15.1）。$\mu$は和を取る前の正規分布の母平均であり，$\sigma$は和を取る前の正規分布の標準偏差である。また，$\lambda$は和を取る前の指数分布の母数である。指数－正規分布の平均は$\mu+(1/\lambda)$であり，分散は$\sigma^2+(1/\lambda^2)$である。他のパラメータが一定の状況では，$\mu$が大きくなるほど分布は正の方向に移動する（図15.1A）。$\sigma$が大きくなるほど分布は平らになり（図15.1B），$\lambda$が小さくなるほど分布のすそは正の方向に長くなる（図15.1C）。

図15.1Dの2つの分布の平均値は同じであるため（1.5秒），平均値では2つ

---

3）Balota, D. A., & Yap, M. J. (2011). Moving beyond the mean in studies of mental chronometry: The power of response time distributional analyses. *Current Directions in Psychological Science*, **20**, 160-166.

4）数理的な詳細は「脳のなかのこびと軍団」（http://noucobi.com/neuro/RTanalysis/RTanalysis.html）が詳しい。

5）erfc($x$)はガウスの相補誤差関数であり，$\mathrm{erfc}(x)=\frac{2}{\sqrt{\pi}}\int_x^{+\infty}\exp(-t^2)dt$である。

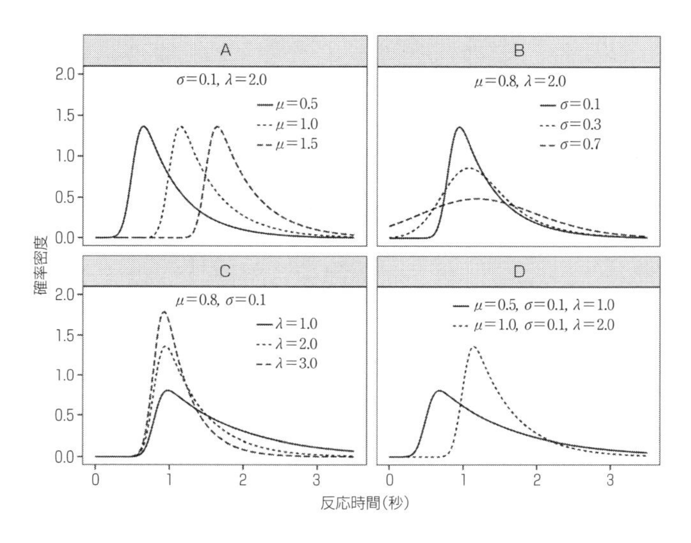


図 15.1　指数 − 正規分布のパラメータと形状の関係

の分布を区別することができない。しかし，指数－正規分布を利用することで，2つの分布の違いを$\mu$と$\lambda$の違いとして捉えられる。このように，指数－正規分布を利用する方法は正規分布を利用する方法よりも反応時間データの特徴をより詳細に捉えることができる。

## 15.3　使用するデータの概要

本章では，筆者の先行研究[6]とほぼ同じ実験手続き[7]で得られた10名のデータを利用する。この実験の反応時間データに対して，指数－正規分布を用いた階層モデルでパラメータの推定を行う。この実験の目的は，日常場面を模したコンピュータグラフィックス（図15.2）を観察する時に，探索に集中している場合と記憶に集中している場合で，記憶に符号化される情報が異なるかを検討することであった[8]。探索に集中するブロック（探索メインブロック）では8割の試行（192試行）が探索課題であり（ミニカーを探し，右向きか，左向きかを報告する），残りの2割の試行（48試行）が記憶課題だった（画像の一部が変化したか

6）Inoue, K., & Takeda, Y. (2014). The properties of object representations constructed during visual search in natural scenes. *Visual Cognition*, **22**, 1135–1153.

7）本章のデータはInoue & Takeda（2014）には含まれておらず，完全にオリジナルなものである。

8）ただし，本章の目的は反応時間の分析であるため，記憶成績は報告しない。

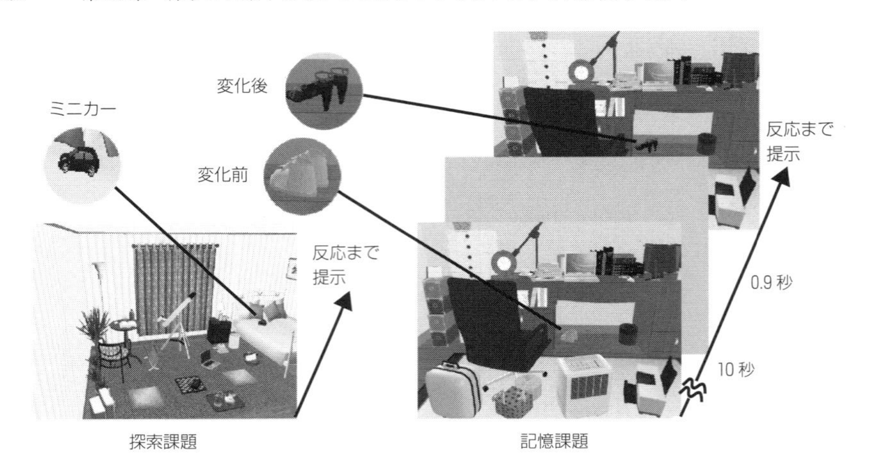


図15.2　探索課題と記憶課題の手続き

どうかを報告する)。逆に，記憶に集中するブロック（記憶メインブロック）では8割の試行が記憶課題で，残りの2割の試行が探索課題だった。

ブロック内での課題の順番は完全にランダムであった。このため，実験参加者は，割合の高い課題に集中していたはずである。このことを確かめるため，各参加者の探索メインブロックと記憶メインブロックごとに，探索課題の反応時間（画像が提示されてからミニカーの向きを報告するまでの時間）の平均値を算出した[9)]。その平均値を用いて対応のある $t$ 検定を行ったところ，探索メインブロック（$M = 2.44$ 秒，$SD = 0.36$）では記憶メインブロック（$M = 3.30$ 秒，$SD = 0.53$）よりも，探索時間が有意に短かった（$t\ (9) = 10.04,\ p < .01$）。つまり探索メインブロックでは探索に集中していることが確認された。

上記の結果は探索メインブロックの方が全体的に見て反応時間が短いことを示している。しかし，ブロック間で反応時間の何が異なるのだろうか。図15.1Aのように，反応時間の分布の全体的な位置が異なるのかもしれない。図15.1Cのように，分布のすその長さが異なるかもしれない。もしくは，その両方が異なる可能性もある。指数－正規分布のパラメータを推定することで，探索目的の違いが反応時間に与える影響をより詳細に捉えることが可能である。

9）0.2秒以下の試行および15秒以上の試行は外れ値として除外した。

## 15.4　階層モデルの利用

分析を行う前に，指数－正規分布の利用に適した分布かを視覚的に確認してみよう。図 15.3 は，探索メインブロックと記憶メインブロックごとにミニカー検出時間（反応時間）のヒストグラムを作成したものである。どちらのグラフも明らかに左右対称ではなく，正の方向にすその長い分布をしている。このため，正規分布を仮定した分析よりも，指数－正規分布を仮定した分析の方が適切である。また，探索メインブロックと比べて，記憶メインブロックの尾部が若干長く見えることから，指数－正規分布を利用することで，より有益な情報を引き出せる可能性がある。

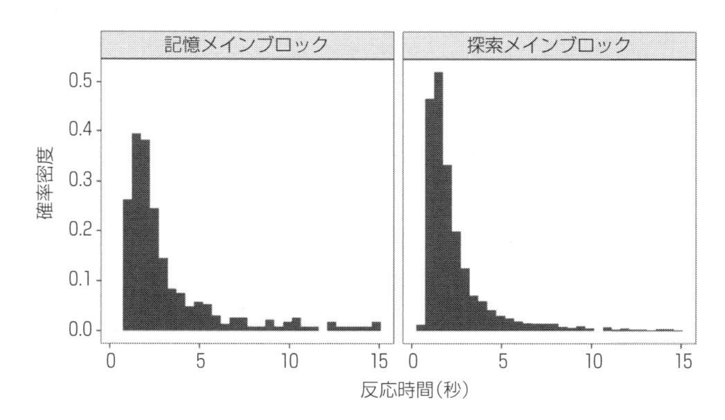


図 15.3　記憶メインブロックと探索メインブロックのヒストグラム

実験参加者ごとに指数－正規分布のパラメータを推定することも可能である。しかし，実験心理学の研究における主要な関心は，各個人のパラメータの違いよりもむしろ，集団レベルで興味のあるパラメータに条件差が見られるかどうかである。また，本実験の記憶メインブロックのように 1 条件あたりの試行数が少ない場合，個人ごとの分析ではパラメータの推定が安定しない可能性がある。このため，実験参加者ごとに指数－正規分布のパラメータを推定するのではなく，階層モデルで集団レベルのパラメータと個人レベルのパラメータを同時に推定する。

個々の試行の反応時間は（15.2）式に従う。

$$RT_{ij} \sim exGaussian(\mu_{ij}, \sigma_{ij}, \lambda_{ij}) \tag{15.2}$$

$i$ は参加者番号を表す添え字である。$j$ は条件を表す添え字であり，$j = s$ は探索メインブロックを表し，$j = m$ は記憶メインブロックを表す。たとえば，$RT_{2s}$ は 2 番目の参加者の探索メインブロックにおける個々の試行の反応時間を表す。また，$\mu_{ij}$，$\sigma_{ij}$，$\lambda_{ij}$ は指数－正規分布の個人レベルのパラメータである。つまり，個々の試行の反応時間（RT）は，各条件・各参加者ごとに独自のパラメータ（$\mu$，$\sigma$，$\lambda$）をもつ指数－正規分布に従うと仮定した。

対応ありの実験デザインでは，条件間で反応時間に相関が生じることが多い。つまり，反応が遅い人はどの条件でも反応時間が長く，反応が早い人はどの条件でも反応時間が短い。同様に，反応時間の分散が大きい人はいずれの条件においても分散が大きい可能性がある。このため，以下の（15.3）式～（15.5）式で示すように，個人レベルのパラメータ（$\mu$，$\sigma$，$\lambda$）はパラメータの種類ごとに独自の相関を持つ 2 変量正規分布から抽出されたものであると仮定した。これらの 2 変量正規分布の平均値を集団レベルの各条件のパラメータとして推定する。

$$\begin{pmatrix} \mu_{im} \\ \mu_{is} \end{pmatrix} \sim multiNormal\left(\begin{pmatrix} mean_{\mu_m} \\ mean_{\mu_s} \end{pmatrix}, \begin{pmatrix} var_{\mu_m} & cov_{\mu_m\mu_s} \\ cov_{\mu_m\mu_s} & var_{\mu_s} \end{pmatrix}\right) \tag{15.3}$$

$$\begin{pmatrix} \sigma_{im} \\ \sigma_{is} \end{pmatrix} \sim multiNormal\left(\begin{pmatrix} mean_{\sigma_m} \\ mean_{\sigma_s} \end{pmatrix}, \begin{pmatrix} var_{\sigma_m} & cov_{\sigma_m\sigma_s} \\ cov_{\sigma_m\sigma_s} & var_{\sigma_s} \end{pmatrix}\right) \tag{15.4}$$

$$\begin{pmatrix} \lambda_{im} \\ \lambda_{is} \end{pmatrix} \sim multiNormal\left(\begin{pmatrix} mean_{\lambda_m} \\ mean_{\lambda_s} \end{pmatrix}, \begin{pmatrix} var_{\lambda_m} & cov_{\lambda_m\lambda_s} \\ cov_{\lambda_m\lambda_s} & var_{\lambda_s} \end{pmatrix}\right) \tag{15.5}$$

$mean_{\mu_m}$ と $mean_{\mu_s}$ は，2 変量正規分布における $\mu_m$ と $\mu_s$ の平均であり，$var_{\mu_m}$ と $var_{\mu_s}$ はその分散である。$cov_{\mu_m\mu_s}$ は，$\mu_m$ と $\mu_s$ の共分散である。同様に，$mean_{\sigma_m}$ と $mean_{\sigma_s}$ は 2 変量正規分布における $\sigma_m$ と $\sigma_s$ の平均であり，$var_{\sigma_m}$ と $var_{\sigma_s}$ はそれらの分散である。$cov_{\sigma_m\sigma_s}$ は $\sigma_m$ と $\sigma_s$ の共分散である。また，$mean_{\lambda_m}$ と $mean_{\lambda_s}$ は 2 変量正規分布における $\lambda_m$ と $\lambda_s$ の平均であり，$var_{\lambda_m}$，$var_{\lambda_s}$，$cov_{\lambda_m\lambda_s}$ はそれらの分散・共分散である。2 変量正規分布の平均と分散に関しては，$\mu$，$\sigma$，$\lambda$ のいずれのパラメータでも，[0，∞] の一様分布を事前分布として設定した。共分散の値は直接推定せず，相関係数と分散から計算し，相関係数には [－1，1] の一様分布を事前分布として設定した。

長さ 13000 のチェインを 4 つ発生させ，バーンイン期間を 1000，間引きの値を3とし，算出された16000個の乱数を使用した[10]。すべての$\widehat{R}$は1.1以下であったため，モデルは十分に収束したと判断した。上記の分析はMac OS上で動作するR（ver. 3.4.4）およびRStan（ver. 2.17.3）を用いて行われた。

## 15.5 推定結果

集団レベルのパラメータ（$\mu$，$\sigma$，$\lambda$の2変量正規分布の平均）のEAPや95%確信区間を表15.1に示した。本実験では，探索メインブロックと記憶メインブロックの間で，試行数が大きく違っていた。前者では1人あたり最大192試行であったが，後者では最大でもわずか48試行であった。この違いを反映してか，$\lambda$を除き，集団レベルの$\mu$と$\sigma$の95%確信区間（CI）の幅は探索メインブロックの方が圧倒的に狭い（表15.1）。

表15.1 集団レベルの各パラメータの推定値

| | EAP | post.sd | 2.50% | 97.50% | 95%CIの幅 |
|---|---|---|---|---|---|
| $\mu_s$ | 0.85 | 0.04 | 0.78 | 0.92 | 0.15 |
| $\mu_m$ | 0.99 | 0.06 | 0.88 | 1.11 | 0.23 |
| $\sigma_s$ | 0.10 | 0.01 | 0.08 | 0.12 | 0.05 |
| $\sigma_m$ | 0.09 | 0.04 | 0.02 | 0.16 | 0.14 |
| $\lambda_s$ | 0.65 | 0.05 | 0.56 | 0.75 | 0.19 |
| $\lambda_m$ | 0.45 | 0.04 | 0.38 | 0.53 | 0.15 |

このような傾向は，個人レベルのパラメータのEAPおよび95%確信区間の幅にも見て取れる（表15.2は記憶メインブロック，表15.3は探索メインブロック）。集団レベルのパラメータと同様に，$\lambda$を除いて，試行数の多い探索メインブロックの方が圧倒的に確信区間の幅は狭い。たとえば，探索メインブロックの個人レベルの$\mu$の95%確信区間の幅は概ね0.1秒程度であり，個人間の比較もある程度可能な精度で推定できていた。一方，記憶メインブロックの$\mu$に関しては，人によっては95%確信区間の幅が0.3秒以上に及ぶ場合もあった。このような広い確信区間では個人間のパラメータ値の比較は難しいだろう。以上のように，集団レベルか個人レベルかにかかわらず，1条件件あたりの試行数はパラメータの推定精度に大きく影響を与えるようである。反応時間の分析に指数－正規分布を利用する実験では，試行数をできるだけ多くすることが望ましいだろう。

10）間引きなしで分析した結果，いくつかのパラメータの自己相関が高く，全サンプルサイズに対する実効サンプルサイズの割合が低かったため，間引きの値を3に設定した。

表 15.2　記憶メインブロックの個人パラメータの EAP と 95% 確信区間の幅

| | $\mu$ | | $\sigma$ | | $\lambda$ | |
|---|---|---|---|---|---|---|
| | EAP | 95%CI の幅 | EAP | 95%CI の幅 | EAP | 95%CI の幅 |
| s1 | 0.99 | 0.33 | 0.11 | 0.23 | 0.37 | 0.17 |
| s2 | 0.91 | 0.25 | 0.10 | 0.20 | 0.45 | 0.18 |
| s3 | 0.94 | 0.27 | 0.10 | 0.22 | 0.54 | 0.24 |
| s4 | 1.01 | 0.28 | 0.08 | 0.18 | 0.34 | 0.17 |
| s5 | 1.24 | 0.32 | 0.08 | 0.17 | 0.42 | 0.17 |
| s6 | 0.88 | 0.19 | 0.07 | 0.16 | 0.49 | 0.20 |
| s7 | 0.97 | 0.20 | 0.08 | 0.17 | 0.55 | 0.25 |
| s8 | 0.86 | 0.20 | 0.07 | 0.15 | 0.43 | 0.17 |
| s9 | 1.05 | 0.26 | 0.09 | 0.21 | 0.45 | 0.18 |
| s10 | 1.06 | 0.28 | 0.09 | 0.20 | 0.45 | 0.18 |
| 平均 | 0.99 | 0.26 | 0.09 | 0.19 | 0.45 | 0.19 |

表 15.3　探索メインブロックの個人パラメータの EAP と 95% 確信区間の幅

| | $\mu$ | | $\sigma$ | | $\lambda$ | |
|---|---|---|---|---|---|---|
| | EAP | 95%CI の幅 | EAP | 95%CI の幅 | EAP | 95%CI の幅 |
| s1 | 0.92 | 0.15 | 0.10 | 0.07 | 0.50 | 0.14 |
| s2 | 0.80 | 0.10 | 0.09 | 0.07 | 0.64 | 0.17 |
| s3 | 0.80 | 0.11 | 0.10 | 0.06 | 0.82 | 0.23 |
| s4 | 0.82 | 0.14 | 0.10 | 0.07 | 0.48 | 0.13 |
| s5 | 1.04 | 0.14 | 0.10 | 0.07 | 0.61 | 0.16 |
| s6 | 0.77 | 0.11 | 0.10 | 0.06 | 0.73 | 0.19 |
| s7 | 0.83 | 0.10 | 0.10 | 0.06 | 0.78 | 0.21 |
| s8 | 0.75 | 0.11 | 0.10 | 0.06 | 0.65 | 0.17 |
| s9 | 0.90 | 0.12 | 0.10 | 0.06 | 0.65 | 0.17 |
| s10 | 0.87 | 0.13 | 0.10 | 0.07 | 0.65 | 0.18 |
| 平均 | 0.85 | 0.12 | 0.10 | 0.07 | 0.65 | 0.18 |

表 15.1 から，ブロック間で集団レベルの $\mu$ や $\lambda$ に違いがあるように見える。この違いが有意味かを調べるため，集団レベルの各パラメータについて，記憶メインブロックと探索メインブロックの差を生成量として算出した。表 15.4 はその EAP および 95%確信区間である。$\mu$ の差分の 95%確信区間には 0 が含まれないことから，記憶メインブロックの $\mu$ は探索メインブロックの $\mu$ よりも 95%以上の確率で大きいことがわかる。つまり，記憶メインブロックでは，探索メインブロックと比べて，反応時間分布が全体的に正方向にずれていた。

同様に，$\lambda$ の差分の 95%確信区間に 0 が含まれないことから，記憶メインブロックの $\lambda$ は探索メインブロックの $\lambda$ よりも少なくとも 95%の確率で小さいことがわかる。$\lambda$ の値が小さくなるほど分布のすそは正の方向に長くなる。つまり，

表 15.4 集団レベルの各パラメータの条件差

| | EAP | post.sd | 2.50% | 97.50% | 95%CI の幅 |
|---|---|---|---|---|---|
| $\mu_m$-$\mu_s$ | 0.14 | 0.05 | 0.05 | 0.24 | 0.18 |
| $\sigma_m$-$\sigma_s$ | -0.01 | 0.04 | -0.08 | 0.07 | 0.15 |
| $\lambda_m$-$\lambda_s$ | -0.20 | 0.04 | -0.28 | -0.12 | 0.16 |

本実験では記憶メインブロックの方が正方向にすその長い分布をしていた。探索に集中するか記憶に集中するかは，反応時間分布の全体的な位置だけではなく，正方向のすその長さにも影響を与えるようである。

$\mu$ と $\lambda$ のどちらが反応時間に大きな影響を与えているのだろうか。指数－正規分布の平均は $\mu+$（$1/\lambda$）である。このことから，$\mu$ と $1/\lambda$ のブロック間の差を比較することで，どちらが指数－正規分布の平均反応時間に大きな影響を与えているかがわかる。ブロック間での $\mu$ の EAP の差は 0.14 秒であり，$\lambda$ の EAP の逆数の差は 0.69 秒（$0.45^{-1}-0.65^{-1}$）であった。このことから，探索目的の違いが指数－正規分布の平均反応時間に与える影響の大部分は $\lambda$ の違いによると解釈できるだろう。

## 15.6 最後に

反応時間データの分析に指数－正規分布を利用することで，一般的な反応時間の分析方法（個人の条件ごとに平均値や中央値を算出する方法）よりも，反応時間の変化の特徴をより詳細に捉えることができた。本章の実験は探索時間に与える影響を詳細に調べることを意図した実験ではなかった。このため，集団レベルの $\mu$ や $\lambda$ の条件間での違いがどのような心的プロセスの違いを反映するかは明確ではない。しかし，$\mu$ や $\lambda$ に反映される心的プロセスを予め想定し，そのようなプロセスに影響を与える独立変数を操作することで，反応時間の変化の背後にある心的プロセスをより詳細に理解できるだろう。

## 15.7 付録

以下に階層モデルのコア部分を示した。

```
model{
 //個人の各条件のパラメータ（μ, σ, λ）を２変量正規分布からサンプリング
 for(i in 1 : S){
     mu_ind[i] ~ multi_normal(mu, mu_cov_mx);
     sigma_ind[i] ~ multi_normal(sigma, sigma_cov_mx);
     lambda_ind[i] ~ multi_normal(lambda, lambda_cov_mx);


   }

 //個人のパラメータを用いて，指数-正規分布から反応時間をサンプリング
 for(i in 1 : N)
   RT[i] ~ exp_mod_normal(mu_ind[SUBID[i],CONDID[i]],
     sigma_ind[SUBID[i],CONDID[i]],
     lambda_ind[SUBID[i],CONDID[i]]);
}
```

# 第16章
## あなたの英語，大丈夫？

日本人にとって古くて新しく，そしてありきたりな話題の1つとして，英語を習得することの難しさがあげられる。「中学校，高等学校の6年間英語を勉強しても，まったく英語が話せない」とは，英語教材販売における決まり文句である。この，多くの日本人にとって聞き慣れた言説があるからこそ，バラエティ番組で芸能人が頑張って英語を喋る姿が世間の笑いを誘うのだ。

ある人気バラエティ番組では，芸能人が海外のロケ地へ行き，英語を使って土産物を買ったり，人気の観光地へ行ったりする様子が頻繁に放映されている。多くは，ある特定の土産物を手に入れる，といった課題に芸能人が取り組む，という体裁をなしている。それらの課題に対して，芸能人が，怪しい英語で一生懸命取り組む姿が面白おかしく演出される。たとえば，会話の相手が話す英語をまったく聞き取れず，「ソーリー，ソーリー。ワンモア，ワンモア。スローリー，スローリー。オッケイ。セイ，セイ」と芸能人が発言する場面を，筆者はあるとき目にした[1]。そのとき，テレビ画面では，「セイ！セイ！（言え！言え！）」というテロップが視覚的に強調されながら示され，そこが笑いのポイントとなっていた。

この場面は，なぜ面白いのだろうか。この会話の場面において，「セイ！セイ！」という表現が不適切だからだろうか。また，この表現が仮に，当該の状況において不適切であったのなら，いったいどのような表現を使えばよかったのだろうか？

### 16.1 外国語における語用論

さて，ヒトの言語について研究する学問を，一般に言語学という。言語学の中には，理論言語学という分野があり，さらに，その中でも言語の意味を扱う意味論，文法を扱う統語論，言語において使用される音を扱う音韻論または音声学など，いくつかの下位分類がある。**語用論（pragmatics）**は，現実社会におけることばの使用について研究する分野である。

1）「世界の果てまでイッテQ！出川はじめてのおつかい第二弾 in ロンドン」より。

およそ1つの意図を他者に伝えるためにでさえ，様々な言語的表現がある。上司と部下がやや気温の高い部屋でいっしょに仕事をしているとしよう。部下が上司に窓を開けるように依頼する場合には，「○○さん，大変すみませんが，窓を開けていただけますでしょうか」といったような，丁寧なことば遣いになるのが自然である。しかし，逆に，上司が部下に依頼する場合は，「○○くん，この部屋は暑いね」というだけで済むかもしれない。これが部下から上司への依頼として使われれば，著しく不適切な表現となるだろう。このように，我々は，日常生活において，その場面や話し相手との社会的関係に応じて，表現を複雑に使い分けている。語用論とは，このような実際のことばの使用を研究対象とする研究分野なのである。

では，このような社会的状況に応じたことばの使い分けを，我々はどの程度外国語においてできるだろうか。たとえば，英語の会話文を読み，一部の発話が，ある状況において不適切であったとする。それを正しく不適切であると判断することはできるだろうか。それとも適切であると判断してしまうだろうか。他方，適切な発話を正しく適切であると判断できるだろうか。逆に，適切なものを不適切であると誤って判断したりはしないだろうか。語用論に関わる能力（**語用論的能力**）[2] を，このように言語的な**刺激の弁別**として捉えること[3] も可能である。

## 16.2　語用論的能力を信号検出モデルで表現する

語用論的能力の少なくとも一部が，刺激の弁別として捉えられるのであれば，刺激の弁別に関する膨大な心理学的研究を，中間言語語用論の研究に応用することができるはずである。心理物理学や数理心理学において，刺激の弁別に関する最も典型的な数理モデルは，**信号検出モデル**[4] である。信号検出モデルを使用することにより，被験者がどれだけ正確に刺激を弁別できるかを示す**弁別力**（e.g., $d$, $A'$）と，どれだけ回答傾向に偏りがあるかを示す**バイアス**（e.g., $c$, $\beta$）を推

---

2）外国語教育において，語用論的能力は，一般的なテストで測定される単語の知識，文法の知識などと同様に，またはそれら以上に重要な，言語運用能力の一部だと考えられており，外国語学習者が使用する言語に関する語用論的研究は，**中間言語語用論**（interlanguage pragmatics）と呼ばれる小分野を形成している。

3）語用論的能力を刺激の弁別として捉えることは，外国語教育研究や応用言語学のこれまでの研究実践において，典型的な態度ではない。むしろ，語用論的能力は，パフォーマンス評価，会話分析，または古典的テスト理論の要領によって分析されている。近年は，項目反応理論（item response theory）などを使用して，潜在変数として語用論的能力の推定を試みる例もある。

定することができる。

**強制二択課題（2AFC）** における等分散ガウス信号検出モデル[5]の要領は，概ね以下の通りである。まず，刺激の特性（この場合は語用論的適切性の有無；$S$, $N$）と，与えられた刺激に対する被験者の反応（$R_1$, $R_2$）に基づいて，表 16.1 のようなクロス集計表を作成する。$S$ は，母語話者が概ね適切だと判断するもの（適切性があるもの），すなわちシグナルであり，$N$ は母語話者が概ね不適切だと判断するもの（適切性がないもの），すなわちノイズである。$R_1$は，ここでは外国語の話者である被験者が適切だと判断するもの，$R_2$は被験者が不適切だと判断するものである。

表 16.1 信号検出理論における反応テーブル

| | $S$ | $N$ |
|---|---|---|
| $R_1$ | ヒット（Hit） | 誤警報（False Alarm） |
| $R_2$ | ミス（Miss） | 正棄却（Correct Rejection） |

ここで，$P(R_1|S)$をヒット率（Hit Ratio），または$\theta^h$と，$P(R_1|N)$を誤警報率（False Alarm Ratio），または$\theta^f$とする。ヒットおよび，誤警報[6]は，これら$\theta^h$または$\theta^f$を成功確率，そして $S$ の個数$n^S$および $N$ の個数$n^N$を試行回数とする 2 項分布によってモデル化できる。

$$\text{ヒット率} \sim \text{Binomial}(\theta^h, n^S) \tag{16.1}$$

$$\text{誤警報} \sim \text{Binomial}(\theta^f, n^N) \tag{16.2}$$

等分散ガウス信号検出モデルでは，この 2 項分布における母数$\theta^h$と$\theta^f$について，

4）一般に信号検出理論（signal detection theory: SDT）と呼ばれるものであるが，本章では，これを 1 つの数理モデルとみなして，信号検出モデルと呼ぶ。以下の書籍は，信号検出モデルの概論書である。

Macmillan, N. A., & Creelman, C. D. (2005). *Detection theory: A user's guide*. Mahwah, New Jersey: Lawrence Erlbaum Associates.

5）信号検出モデルの中でも最も典型的なモデルである等分散ガウス信号検出モデルは，本文で説明するように，ノイズおよびシグナル＋ノイズ分布に等分散性の仮定を置いている。しかし，この仮定は厳密には満たされないことが筆者らによる未刊行の研究で明らかになっている。多段階評定法によって ROC 分析を行ったところ，実験データは明らかに等分散性の仮定を逸脱した。また，実際に実験的操作によってバイアスを統制すると，バイアスの変化に伴って弁別力が大きく変動することが確認されている。

6）ヒットおよび誤警報は，基本的に刺激と反応によって分類される種類自体を示すが，ここでは，それぞれの度数としている。また，以降において，簡略化のために，それらの度数を $h$, $f$ と記すこともある。

以下のような説明が与えられている。まずは，分散が等しい2つの正規分布（ノイズ分布，シグナル＋ノイズ分布）を仮定する[7]。ノイズ分布は，ここでは語用論的に不適切な刺激に対する心理量，シグナル＋ノイズ分布は，語用論に適切な刺激に対する心理量である。この枠組みにおいては，被験者は与えられた刺激に対応する心理量が，閾値 $k$ を超える場合に適切だと判断し，超えない場合に不適切だと判断すると仮定する（図16.1a)。

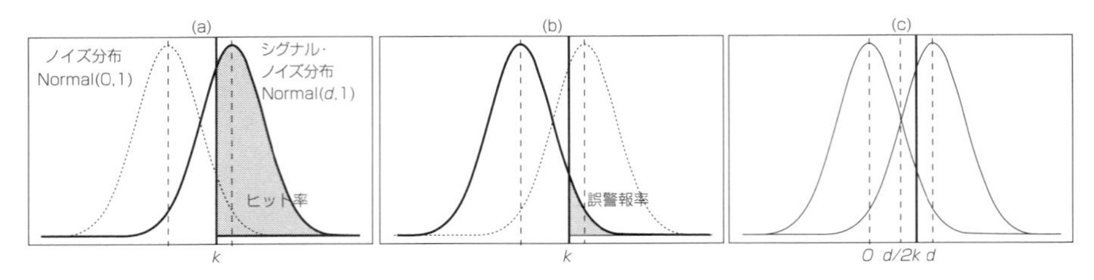


図16.1　等分散ガウス信号検出モデルの概略図

この仮定のうえで，シグナル＋ノイズ分布を示す確率密度曲線の内側で，閾値 $k$ を超える部分の面積が，$\theta^h$ であり（図16.1a)，ノイズ分布を示す確率密度曲線の内側で，閾値 $k$ を超える部分の面積は，$\theta^f$ となる（図16.1b)。図16.1における左側の分布（ノイズ分布）に標準正規分布 *Normal*（0，1)，右側の分布（シグナル＋ノイズ分布）に平均 $d$，標準偏差1とする正規分布 *Normal*（$d$，1）を与えると，この2つの分布における確率密度関数の交点は，$\dfrac{d}{2}$ であるから，閾値 $k$ は，この交点からの距離であると理解することができる（図16.1c)。ここで，この交点と閾値 $k$ との距離を $c$ とすると，

$$k=\frac{d}{2}-c \tag{16.3}$$

となる。よって，$\theta^h$ および $\theta^f$ は，

$$\theta^h=\phi\left(\frac{d}{2}-c\right) \tag{16.4}$$

$$\theta^f=\phi\left(-\frac{d}{2}-c\right) \tag{16.5}$$

7）ここでのノイズ分布およびシグナル＋ノイズ分布という呼び方は，シグナルの弁別をその対象とする本来の信号検出モデルにならっている。しかしながら，本章における応用例では，あくまでもシグナルとは語用論的に適切な文，ノイズとは語用論的に不適切な文を示している。よって，シグナル＋ノイズ分布といった表現も，適切な文および不適切な文の両方に対応するわけではなく，便宜的な呼び方であることに注意されたい。

と表すことができる[8]。ここで，$\phi$ は，標準正規分布における累積分布関数の逆関数である。

これらのモデルの下において，ノイズ分布とシグナル＋ノイズ分布の標準化平均差である $d$ は，弁別力とされ，正のより大きな値がより高い弁別力を示す。また，$c$ は，2つの分布の交点を中心とした閾値の相対的距離であるため，この値が0のとき，バイアスがないことを，正の値を取れば，$R^1$ へのバイアスを，負の値を取れば，$R^2$ へのバイアスを示す。

さらに我々の関心は，それぞれの個人の弁別力およびバイアスというよりは，それらの集団的傾向にある。すなわち，ある集団における $d$ の母平均である $\mu_d$，$d$ の母標準偏差である $\sigma_d$，$c$ の母平均である $\mu_c$，$c$ の母標準偏差である $\sigma_c$，これらの事後分布を検討することが，本章の主たる目的である。

本章のモデルとモデルに含まれる母数の事前分布は，Lee & Wagenmakers (2013)[9] を参考とし，以下のように設定した。ここでは個人を $i$ として添え字で示している。これは一種の階層ベイズモデルとなる。最初に，$\mu_d$ および $\mu_c$ には，事実上無情報となるように，十分に大きな分散を母数としてもつ正規分布を仮定した。次に，$\sigma_d$ および $\sigma_c$ も同様の要領にてガンマ分布を仮定した。$\sigma_d$ および $\sigma_c$ は，それぞれ $\lambda_d$ および $\lambda_c$ の逆平方根である。これらの設定は，著者の特別な主観を表現したものではなく，公的分析に堪えうるものである。

このモデル全体におけるデータの生成過程を概観すると，以下のようになる。まず，(16.8) 式および (16.9) 式のように，個人 $i$ は，それぞれ固有の $d_i$ および $c_i$ をもち，その $d_i$ および $c_i$ は，正規分布に従っている。$d_i$ および $c_i$ の値から，(16.4) 式および (16.5) 式によって $\theta_i^h$ および $\theta_i^f$ が与えられ，観測におけるヒットおよび誤警報は，(16.1) 式および (16.2) 式のように，$\theta_i^h$ および $\theta_i^f$ を項にもつ2項分布によって生成されている。

$$\mu_d, \mu_c \sim \mathrm{Normal}(0, \sqrt{1000}) \tag{16.6}$$

$$\lambda_d, \lambda_c \sim \mathrm{Gamma}\left(\frac{1}{1000}, \frac{1}{1000}\right) \tag{16.7}$$

$$d_i \sim \mathrm{Normal}(\mu_d, \sigma_d) \tag{16.8}$$

8）$\theta^h$ は，*Normal* ($d$, 0) の確率密度関数において，$\frac{d}{2}-c$ よりも右側の面積であるが，これは，標準正規分布を基準に見た場合，$\frac{d}{2}-c$ よりも左側の面積に等しいからである。同時に，$\theta^f$ は，$-\frac{d}{2}-c$ よりも左側の面積に等しくなる。

9）Lee, M. D., & Wagenmakers, E. J. (2013). *Bayesian cognitive modeling: A practical course.* New York, NY: Cambridge University Press.

$$c_i \sim \text{Normal}(\mu_c, \sigma_c) \tag{16.9}$$

## 16.3　データの収集と分析

データの収集は，筆者2人が属する大学の授業内で行われた。対象者は大学1年生を対象とする必修の英語授業の受講者計106名であった。そのうち，5名の参加者の回答データは，反応時間などから見てきわめて不自然なパターンを見せたため，除外した。よって，本章の分析は，101名のデータを対象とした。

材料は，中間言語語用論についての先行研究（Bardovi-Harlig & Dörnyei, 1998）[10] や，英語学習に関わる市販の書籍[11] をもとに一部を修正し，適切な刺激を15個，不適切な刺激を15個作成した。すべて2人の人間による会話文であり，2人の関係性や，会話場面の説明が簡単に日本語で示されている（図16.2参照）。

参加者の課題は，最後のターンの発話がその場面，状況において，適切か否かを二択で判断するものである。図16.2の例では，はたして最後のセリフは適切であろうか。あるいは不適切であろうか。答えは「不適切」である。この “I would like you to ～” という表現は，他者になにかを依頼するときに多くの日本

Anna はアンケートに答えてもらうために先生の部屋を訪ねます。

A:（knocks on the door）

B: Yes, come in.

A: Hello. My name is Anna Kovacs. If you don't mind, I would like you to fill this in for me.

図16.2　日本語での場面説明と英語の会話文の例

---

10）Bardovi-Harlig, K., & Dörnyei, Z. (1998). Do language learners recognize pragmatic violations? Pragmatic versus grammatical awareness in instructed L2 learning. *TESOL Quarterly*, **32**, 233-259.

11）具体的には以下の書籍である。

○キャサリン・A・クラフト（Kathryn A. Craft）（著）／里中哲彦（編訳）(2017). 日本人の9割が間違える英語表現100　筑摩書房

○川村晶彦（2006）．日本人英語のカン違い ネイティブ100人の結論　旺文社

○T・D・ミントン（T. D. Minton）（著）／国井仗司（訳）(2017). 日本人の英語表現　研究社

○デイヴィッド・セイン（David A. Thayne）・小池信孝（2009）．その英語，品がありません：英会話本の英語，ネイティブが聞くと耳障り！　主婦の友社

○デイヴィッド・セイン（David A. Thayne）・佐藤淳子（2005）．敬語の英語：日常でもビジネスでも使える　ジャパンタイムズ

人が用いる表現である。筆者の同僚である英語母語話者教員も，学生からこの表現を使った依頼を受けることがしばしばあると話している。しかし，これは多くの場合，英語母語話者にとって「イラッとする」表現となるようである。理由は複数考えられるが，たとえば，依頼表現であるにもかかわらず，相手の状況を考慮しない肯定文であり，**依頼された行為の諾否が聞き手に委ねられていない**ことが主たる原因である。“I would like you to ～”という表現を，仮に日本語に翻訳するならば，「私はあなたに～してもらいたい」というぶっきらぼうな表現になる。これは言われた方からすれば，「あなたはそうかもしれないが，私は別にそうでもない」と言いたくなる表現である。より適切な表現を使って依頼をするのであれば，“Could you possibly ～?”，“I was wondering if you could ~ .” などの表現が望ましいだろう。

この例のような 30 個の刺激に対する被験者 101 名分のデータをもとに，この集団における $\mu_d$，$\sigma_d$，$\mu_c$，$\sigma_c$ の事後分布に近似する乱数サンプルをハミルトニアンモンテカルロ法によって得た。なお，MCMC サンプルを 10,000，バーンイン期間（burn-in-interval）を 1,000 とした。MCMC サンプリングの結果から，各母数についての $\widehat{R}$ は 1.1 以下という基準を満たし，MCMC が収束したものと判断した。

## 16.4 やはり語用論的適切性の判断は難しい

得られた MCMC サンプルについて要約した表が，表 16.2 である。ここでは，点推定値として事後期待値（EAP）を採用し，MCMC サンプルの標準偏差，2.5%点，25%点，中央値，75%点，97.5%点を記載している。なお，表 16.2 における 2.5%点および 97.5%点はパーセンタイル法によるものだが，$\alpha = .05$ として，最高密度区間（highest density interval）によって，確信区間を構築したところ，各母数の事後期待値と確信区間は以下のようになった。$\mu_d = 0.24$

表 16.2 各母数の要約統計量

| | 事後期待値 | 事後標準偏差 | 2.5% | 25% | 50% | 75% | 97.5% |
|---|---|---|---|---|---|---|---|
| $\mu_d$ | 0.24 | 0.05 | 0.14 | 0.21 | 0.24 | 0.27 | 0.33 |
| $\mu_c$ | 0.30 | 0.03 | 0.24 | 0.28 | 0.30 | 0.32 | 0.36 |
| $\sigma_d$ | 0.13 | 0.08 | 0.02 | 0.06 | 0.12 | 0.19 | 0.32 |
| $\sigma_c$ | 0.18 | 0.04 | 0.10 | 0.16 | 0.18 | 0.21 | 0.25 |

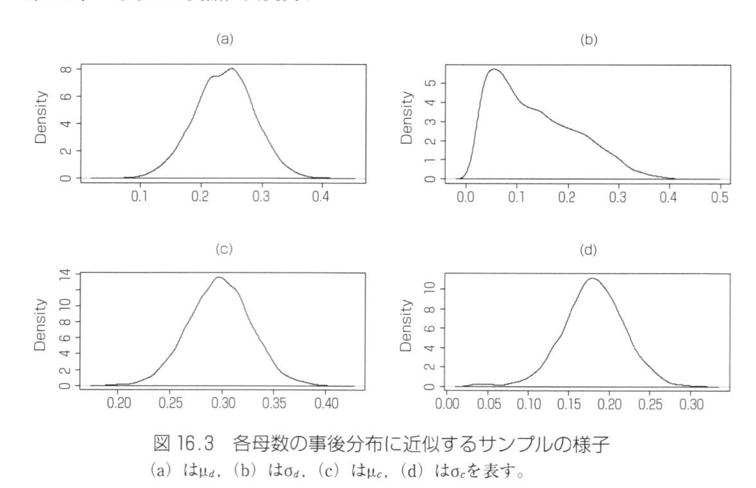


図16.3　各母数の事後分布に近似するサンプルの様子
(a) は$\mu_d$，(b) は$\sigma_d$，(c) は$\mu_c$，(d) は$\sigma_c$を表す。

[0.14, 0.33]，$\mu_c = 0.30$ [0.24, 0.35]，$\sigma_d = 0.13$ [0.02, 0.29]，$\sigma_c = 0.18$ [0.10, 0.29]。各母数について，その事後分布に近似するサンプルを視覚的に表したものが図16.3である。

弁別力における集団母平均の事後期待値は，0.24であり，最高密度区間の下限も原点を超えないことから，当該の集団は，少なくともその集団的特徴として，語用論的に適切または不適切な表現を弁別する能力をもっていると解釈することができる。ただし，この弁別力の値は，母語話者の成績との比較をするまでもなく，さらに同種の母集団を対象とした他課題の事例，たとえば，提示された文が文法的か否かを判断する，一般的な文法性判断課題における弁別力などにも遠く及ばない。

また，この集団において，負の弁別力を示すメンバーの割合は，一種の生成量として考えることができる。$\mu_d$および$\sigma_d$を母数としてもつ正規分布における，0に対応する累積分布確率の事後分布は，表16.3のように要約できる。この生成量の最高密度区間は，[0.00, 0.24] である。つまり，およそ数%から20%台ほどの割合の参加者は，適切なものを不適切と判断し，不適切なものを適切と判断するような傾向を示す可能性がある。

表16.3　負の弁別力を示すメンバーの割合についての事後分布の要約

| 事後期待値 | 事後標準偏差 | 2.5% | 25% | 50% | 75% | 97.5% |
|---|---|---|---|---|---|---|
| 0.08 | 0.08 | 0.00 | 0.04 | 0.05 | 0.13 | 0.27 |

このことからもわかるように，外国語において語用論的に適切な表現と不適切な表現を弁別することは，非常に難しいことであることがわかる。テレビで「セイ！セイ！」を見て笑っているそこのあなたも例外ではないかもしれない。あなたが使っている英語は，本当に大丈夫？と問いかけたくなる結果である。

さらに，バイアスの事後期待値は 0.30 であったことから，当該の集団には，刺激の種類に依らずに，適切であるという判断を下す傾向がある。このような傾向は，中間言語語用論における研究では，その真偽は置いておくとしても，以下のような説明が与えられている。まず，外国語環境や外国語教育の場において，不適切な表現が不適切であるという**否定的根拠**が得づらいという点である。たとえば，一般的に使用される中学校・高等学校の教科書において，「セイ！セイ！」といった表現が見られることはまずないし，さらに「セイ！セイ！」を聞いた英語母語話者が機嫌を損ねる，などといった帰結が提示されることもない。また，我々にとって，外国語を日常的に使用する場面は普通多くないため，純粋に具体的な場面に応じたコミュニケーション経験が一般的に不足しているともいわれている。

ただし，これらのような説明は，本章で論じたように，語用論的能力を刺激の弁別と捉え，刺激の弁別を説明する数理モデルという観点から導出されたものではない。むしろ，教育上の経験や，合理主義的な思考から生み出されたものだといえるだろう。経験や思弁も，もちろんいうまでもなく重要なことであるが，数理モデルは，より簡潔に現実に対する優れた近似を与え，そしてそのモデル自身を通して我々に現象の理解をもたらしてくれる。ベイズモデリングは，そのような目的に沿う，いっそう便利な道具立てだといえるだろう。「セイ！セイ！」が面白いのはどうしてだろう？という問いから始まって，信号検出モデルを実際のデータに近似させ，そしてそのモデルの母数について柔軟に解釈を与え，なるほど，これはそもそも難しいことなのだ，という理解を得ることができた。そうすると，「セイ！セイ！」という表現を聞いたとき，難しいことに果敢に挑戦する姿に好感をもつことができたり，そしてその姿勢とその発露の間にあるギャップの大きさに想いを巡らせたり，外国語として日本語を話す人の言葉尻をとらえるのはよくないなと思ったり，逆に自分が外国語を話すときには慎重であろうという決意の後押しになったり——モデリングはそういった日常の変化ももたらしてくれるかもしれない。

## 16.5 付録

以下が主要な Stan コードである。

```
transformed parameters {
  real < lower = 0,upper = 1 > thetah[k];
  real < lower = 0,upper = 1 > thetaf[k];
  real < lower = 0 > sigmac;
  real < lower = 0 > sigmad;
sigmac <- inv_sqrt(lambdac);
sigmad <- inv_sqrt(lambdad);
    for(i in 1:k) {
thetah[i] <- Phi(d[i] / 2 - c[i]);
thetaf[i] <- Phi(-d[i] / 2 - c[i]);
  }
}
model {
muc ~ normal(0, inv_sqrt(.001));
  mud ~ normal(0, inv_sqrt(.001));
lambdac ~ gamma(.001, .001);
lambdad ~ gamma(.001, .001);
  c ~ normal(muc, sigmac);
  d ~ normal(mud, sigmad);
  h ~ binomial(s, thetah);
  f ~ binomial(n, thetaf);
}
```

# 第 17 章

## 心理療法の介入効果
### ――構造方程式モデリングによる改善要因の検討――

筆者は修士課程の頃に構造方程式モデリングに出合い，モデル構築の柔軟性などその有用性に魅了された。とりわけ，検証的因子分析のモデルが，パスの制約を工夫することで，縦断データの解析モデルである潜在曲線モデルを表現可能であることを理解したときの興奮は今でも鮮明に思い出すことができる。しかし，構造方程式モデリングを様々なデータに適用したいという筆者の思いは叶わない場面が少なくなかった。それは筆者の専門が臨床心理学・精神医学領域の臨床研究であることに一因がある。構造方程式モデリングでは，通常，数百名規模の対象者のデータが必要とされるが，特定の疾患に罹患する人を対象とした臨床研究では，様々な現実的，倫理的な制約から 20～50 人以下の比較的小規模なデータしか得られないことが少なくない。小規模な集団を対象とした研究においても，構造方程式モデリングを用いて柔軟なモデリングができないだろうか。そんな夢物語が，MCMC を用いたベイズ推定の方法論の発展によって現実に実施可能になっている。臨床試験は複数の段階を経て有効性の検証が行われるが，初期の段階では，15～20 名前後の単群の前後比較試験によって，介入プロトコルの安全性や有効性の予備的な検討が行われる。もし，この段階で介入の効果に影響を与える可能性のある要因を特定することができたら，後続の研究デザインの着想が早期に得られる。そこで，本章では，国内で実施された認知行動療法の単群前後比較試験のデータをもとに，介入の効果と介入の効果に影響を与える要因について，潜在成長曲線モデルを適用し検討する。

## 17.1 データ

表 17.1 に本章の解析に用いる Ito et al. (2016)[1] に基づくデータの記述統計量（平均，標準偏差）を示した[2]。

1）Ito, M., Horikoshi, M., Kato, N., Oe, Y., Fujisato, H., Nakajima, S., Kanie, A., Miyamae, M., Takebayashi, Y., Horita, R., Usuki, M., Nakagawa, N., & Ono, Y. (2016). Transdiagnostic and transcultural: Pilot study of unified protocol for depressive and anxiety disorders in Japan. *Behavior Therapy*, **47**(3), 416–430.

表17.1　解析に用いるデータの記述統計量

| | 介入開始前 | 介入終了後 | フォローアップ | 共変量 |
|---|---|---|---|---|
| 平均 | 22.65 | 12.25 | 13.50 | 13.80 |
| 標準偏差 | 4.99 | 4.93 | 6.87 | 5.80 |

本データは，大うつ病性障害や不安症に罹患する患者20名に，週1回60分，平均15回，認知行動療法を実施し，介入開始時点，介入終了時点，介入終了後4か月時点で評価した抑うつ症状の得点である。抑うつ症状は，GRID-HAMDという構造化面接法によって評価された。また，抑うつ症状の変化のパターンに影響を与える共変量を検討するために，介入開始前に測定された感情表出抑制傾向の得点を使用する。図17.1の抑うつ症状得点の記述統計量の推移から，測定期間において抑うつ症状が顕著に改善していることがわかる。

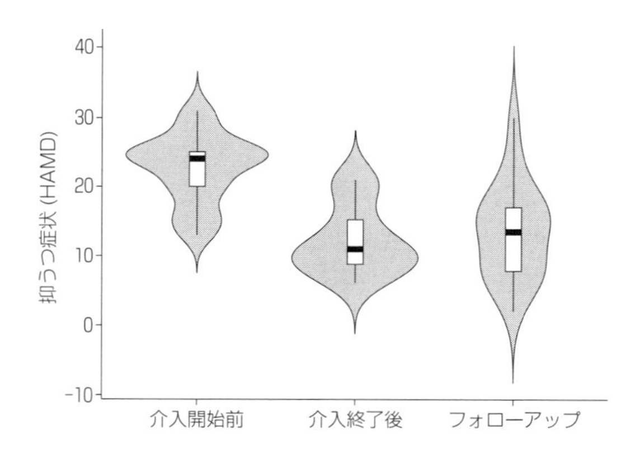


図17.1　測定時点ごとの抑うつ症状のバイオリンプロット

## 17.2　潜在曲線モデル

構造方程式モデリングによって縦断データを解析するための主要なモデルの1つに潜在成長曲線モデルがある。本章では，3時点の観測変数があり，得点が線形で遷移する基本的なモデルを用いる。また介入実施前に測定した感情表出抑制を時間固定の共変量として成長曲線モデルに含んだ。自分の感情が周囲の人に伝

2）Ito et al.（2016）による認知行動療法の単群前後比較試験で報告されている記述統計量に基づいて筆者が生成した20名分の人工データである。そのため，本章で示された解析結果は元データに基づく結果を完全に反映するものではない。

わらないように抑えようとする感情表出抑制の傾向は，精神的に非適応な状態と関連することが指摘されている。また，感情表出抑制傾向は，Ito et al.（2016）から，認知行動療法によって変化が生じにくい要因であった。そこで本章では，介入実施前の感情表出抑制の程度が，介入の効果に影響を与えることを想定し時間固定の共変量として潜在成長曲線モデルに含めた。共変量を含む潜在成長曲線モデルは平均構造をもつ検証的因子分析モデルとして次のように表現される。

$$Y_{ij} = \eta_{0i} + \eta_{1i}t_{ij} + \epsilon_{ij} \tag{17.1}$$

$$\eta_{0i} = \alpha_{\beta 0} + \gamma_{01}X_{1i} + \cdots + \gamma_{0k}X_{ki} + \zeta_{0i} \tag{17.2}$$

$$\eta_{1i} = \alpha_{\beta 1} + \gamma_{11}X_{1i} + \cdots + \gamma_{1k}X_{ki} + \zeta_{1i} \tag{17.3}$$

ここで，$Y_{ij}$は個人 $i$ の $j$ 時点の抑うつ得点，$\eta_{0i}$は個人 $i$ の潜在切片因子得点，$\eta_{1i}$は個人 $i$ の潜在傾き因子得点，$\zeta_i = (\zeta_{0i}, \zeta_{1i})$ は個人 $i$ の変量効果ベクトル，$t_{ij}$は個人 $i$ の $j$ 時点，$\epsilon_{ij}$は個人 $i$ の $j$ 時点の残差である。（17.1）式を行列表記すると，

$$\mathbf{Y} = \mathbf{\Lambda}\eta + \epsilon, \tag{17.4}$$

となり，（17.2）式および（17.3）式を行列表記すると，

$$\eta = \alpha + \mathbf{\Gamma X} + \zeta, \tag{17.5}$$

となる。$\mathbf{\Lambda}$ は成長曲線のパターンを規定するために固定されるパラメータ行列，$\eta$ は切片と傾きを表す因子ベクトル，$\epsilon$ は残差ベクトルである。$\mathbf{\Lambda}$ のパターンは，測定時点間の $y$ の変化のパターンを表現している。たとえば，時点間の間隔が等しい線形の成長曲線モデルの場合，（17.4）式は次のように表現される。

$$\begin{pmatrix} y_1 \\ y_2 \\ y_3 \end{pmatrix} = \begin{pmatrix} 1 & 0 \\ 1 & 1 \\ 1 & 2 \end{pmatrix} \begin{pmatrix} \eta_1 \\ \eta_2 \end{pmatrix} + \begin{pmatrix} \epsilon_{y1} \\ \epsilon_{y2} \\ \epsilon_{y3} \end{pmatrix} \tag{17.6}$$

$\mathbf{\Lambda}$ の 1 列目は，$y$ の変化の初期状態を表現する切片因子を定義するために 1 で固定される。$\mathbf{\Lambda}$ の 2 列目は測定時点の間隔を反映する既知の値で固定される。ここでは，測定時点間の間隔が等間隔かつ線形の変化を仮定し，0，1，2 に固定した。潜在成長因子 $\eta$ は初期状態を表現する$\eta_1$（切片）と変化の程度を表現する$\eta_2$（傾き）を含む。

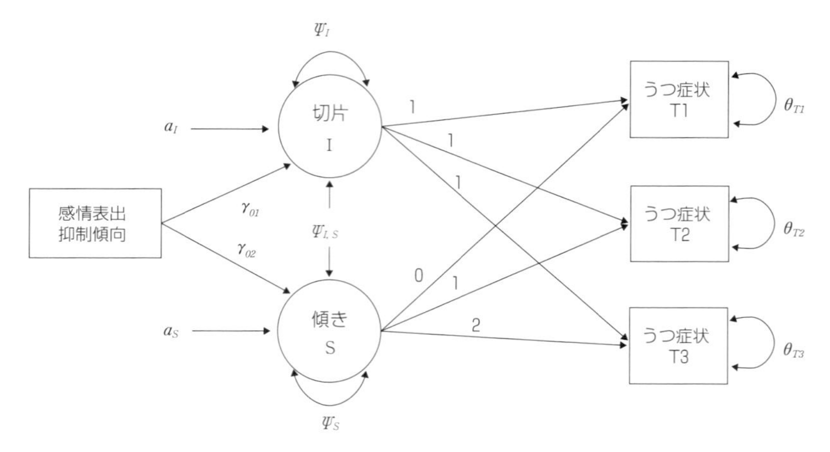


図17.2　潜在成長曲線モデルのパスダイアグラム

反復測定した観測変数のモデル上での平均と共分散構造は（17.4）式と（17.5）式に基づき，

$$\mu = \mathbf{\Lambda}(\alpha + \mathbf{\Gamma}\kappa), \tag{17.7}$$

$$\mathbf{\Sigma} = \mathbf{\Lambda}(\mathbf{\Gamma\Phi\Gamma}^{\mathrm{T}} + \mathbf{\Psi})\mathbf{\Lambda}^{\mathrm{T}} + \mathbf{\Theta}, \tag{17.8}$$

となり，観測変数 $Y$ の確率モデルは，

$$\mathbf{Y} \sim \mathbf{multi\_normal}(\mu, \mathbf{\Sigma}), \tag{17.9}$$

と多変量正規分布に従う。ここで，$\mu$ はモデル上の観測変数の平均ベクトル，$\mathbf{\Lambda}$ は因子負荷行列，$\alpha$ は潜在因子の平均ベクトル，$\Sigma$ はモデル上の観測変数の共分散行列，$\Psi$ は潜在変数の共分散行列，$\Theta$ は観測変数の残差共分散行列，$\Gamma$ は時間固定共変量から切片や傾き因子へのパス（回帰）係数行列，$\kappa$ は共変量の平均ベクトル，$\Phi$ は共変量の共分散行列を表す。上述のモデルを本章の解析データに当てはめてパスダイアグラムで表現すると，図17.2のように表現される。図17.2でギリシャ文字で示されているパラメータが推定の対象となる。

## 事前分布の設定

小規模の集団で最尤法によって構造方程式モデリングのパラメータを求める際には，分散が負の値になるなど不適解が生じやすい。実際に本章のデータについて上述のモデルのもとで最尤推定法でパラメータの推定を行うと，傾き因子の分散が負値である不適解が示される（表 17.2）。

表 17.2　成長曲線モデルの最尤推定解

| パラメータ | 最尤推定値 | 95% 信頼区間 |
|---|---|---|
| $\alpha_I$ | 21.50 | [19.41 - 23.59] |
| $\alpha_S$ | -9.02 | [-10.47 - -7.57] |
| $\gamma_{01}$ | -0.03 | [-0.17 - 0.11] |
| $\gamma_{02}$ | 0.34 | [0.24 - 0.43] |
| $\psi_{I,S}$ | 3.17 | [-13.71 - 20.04] |
| | | |
| $\psi_I$ | 0.23 | [-28.91 - 29.38] |
| $\psi_S$ | -0.28 | [-15.67 - 15.1] |
| $\theta_{T1}$ | 25.87 | [-7.39 - 59.14] |
| $\theta_{T2}$ | 37.50 | [11.42 - 63.57] |
| $\theta_{T3}$ | 19.19 | [-15.88 - 54.27] |

パラメータをベイズ推定で求める場合には，おのおののパラメータに事前分布を設定するため，そうした不適解の出現が回避される。しかし，小規模な集団に構造方程式モデリングを適用する場合，事前分布は事後分布の推定結果に大きく影響を与える。そのため，構造方程式モデリングのベイズ推定を小規模の集団に適用する際には，いくつか事前分布の設定を変更したモデルを検討する必要がある[3]。事前分布の設定方法はいくつか提案されているが，本章では２つのタイプの事前分布を用いる。１つは，漠然とした事前分布（vague prior）を用いる。たとえば，R の blavaan パッケージ[4]では，デフォルト設定として，潜在変数の切片（因子平均），因子負荷，回帰係数といった位置母数（location parameter）には正規分布 $N(0, 10)$，残差や潜在変数の分散にはガンマ分布 $G(1, 0.5)$，相関や共分散にはベータ分布 $B(1, 1)$ が指定されている。もう１つの事前分布は，データ依存事前分布（deta-dependent prior）や経験ベイズ事前分布（empirical bayes prior）と呼ばれる。これは解析に用いるデータに依存して定める事前分布である。解析に用いるサンプルサイズが小さい状況下では，事後分布は事前分布の影響を強く受けるため，漠然事前分布や無情報事前分布を使用することで，推定結

3）小規模集団に構造方程式モデリングを適用する際の事前分布の設定についての詳細な議論は，Zondervan-Zwijnenburg, M., Peeters, M., Depaoli, S., & Van de Schoot, R. (2017). Where do priors come from? Applying guidelines to construct informative priors in small sample research. *Research in Human Development*, 14(4), 305-320 などを参照されたい。

4）Merkle, E. C., & Rosseel, Y. (2016). *blavaan: Bayesian structural equation models via parameter expansion.* arXiv 1511.05604.（https://arxiv.org/abs/1511.05604）

果にバイアスが生じることが知られている。そうした問題から，観測されたデータに基づいて事前分布を設定するデータ依存事前分布の利用が期待され，構造方程式モデルの文脈でその性能の検討が行われてきている。本章では van Erp et al.（2016）[5] で提案されている経験ベイズ事前分布の設定方法の1つを用いる。van Erp et al.（2016）では，正規分布に従う位置母数の事前分布には，平均を0，分散を当該パラメータの平均の自乗と分散の和として指定する。それらの値には，最尤推定法によって推定された値を用いた[6]。分散パラメータについては，データ依存の事前分布は用いず，逆ガンマ分布 $IG(0.001, 0.001)$ を用いた。

## 17.3　分析結果

上記のモデルに従って MCMC によるベイズ推定を行った。構造方程式モデルの設定および事前分布の設定には，blavaan パッケージを用いた。blavaan パッケージでは，パラメータの推定に，JAGS と Stan を選択可能であり，事前分布も JAGS と Stan で使用可能な分布が指定できる。本章の分析には Stan を用いた。4つのマルコフ連鎖を発生させ，各6000回のサンプリングを行った。バーンイン期間は1000回であった。推定した各パラメータについて$\hat{R}$は多くのパラメータで1.1未満であったことから，事後分布に収束したと判断した。ただし，経験ベイズ事前分布を設定した，切片因子の平均と分散，因子間の共分散，T3の抑うつ症状得点に関しては，$\hat{R}$が1.1以上〜1.2未満で若干基準を越えていた。

パラメータの事後分布の要約統計量（EAP推定値，95%確信区間）を表17.3に示した。漠然事前分布を設定したモデルと経験ベイズ事前分布を設定したモデル間では，切片因子，傾き因子，共変量から各因子への回帰係数のEAP推定値はほぼ同様の値を示した。切片因子の平均は，20点程度，傾き因子の平均は8点弱であった。傾き因子の確信区間の上限は明らかに0を下回っており，測定の期間において抑うつ症状が改善したと判断される。ガンマ分布と逆ガンマ分布を用いた残差や因子の分散の推定値は，モデル間で若干の差がみられたが，極端な違いではなかった。

---

5）van Erp, S., Mulder, J., & Oberski, D. L. (2017). Prior Sensitivity Analysis in Default Bayesian Structural Equation Modeling.

6）切片と傾き因子の分散の最尤推定値は負の値であったため，分散は0とし，当該パラメータの平均の自乗のみを分散のパラメータに指定した。なお，Stan では正規分布の第二引数は標準偏差であるため，平方根をとった値を指定している。

表 17.3　成長曲線モデルのベイズ推定結果

| パラメータ | 漠然事前分布 | 95% 確信区間 | 経験ベイズ事前分布 | 95% 確信区間 |
|---|---|---|---|---|
| $\alpha_I$ | 19.46 | [13.56 - 21.14] | 20.89 | [13.85 - 22.88] |
| $\alpha_S$ | -7.77 | [-11.33 - -6.52] | -7.94 | [-11.86 - -6.74] |
| $\gamma_{01}$ | 0.06 | [-0.29 - 0.17] | 0.04 | [-0.32 - 0.11] |
| $\gamma_{02}$ | 0.30 | [0.01 - 0.39] | 0.28 | [0.04 - 0.35] |
| $\psi_{I,S}$ | 0.26 | [-0.7 - 0.69] | 0.22 | [-0.82 - 0.68] |
| | | | | |
| $\psi_I$ | 2.82 | [0.15 - 2.73] | 4.45 | [0 - 4.29] |
| $\psi_S$ | 5.23 | [0.21 - 7.6] | 6.44 | [0.02 - 8.78] |
| $\theta_{T1}$ | 32.65 | [7.08 - 41.06] | 31.55 | [0.72 - 38.98] |
| $\theta_{T2}$ | 37.93 | [16.88 - 45.4] | 42.96 | [19.86 - 51.03] |
| $\theta_{T3}$ | 8.64 | [0.16 - 13.85] | 7.38 | [0 - 7.84] |

共変量から傾き因子への回帰係数の EAP 推定値は，いずれのモデルにおいても，95%確信区間が 0 を越えていた。図 17.3 には漠然事前分布を設定したモデルにおける共変量から各因子への回帰係数の事後分布を示した。傾き因子への回帰係数の確信区間は 0.01～0.39 までと幅広く，感情表出抑制が介入の効果に影響を与えるかについては，より大きな集団を対象とした検証的な研究で検討する必要があるだろう。また，傾き因子への回帰係数の事後分布（図 17.4）の形状

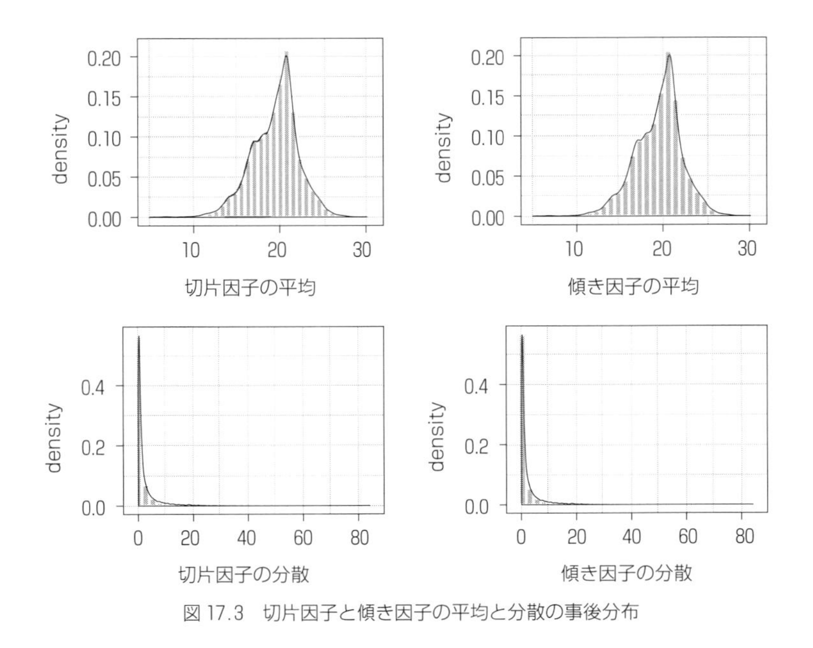


図 17.3　切片因子と傾き因子の平均と分散の事後分布

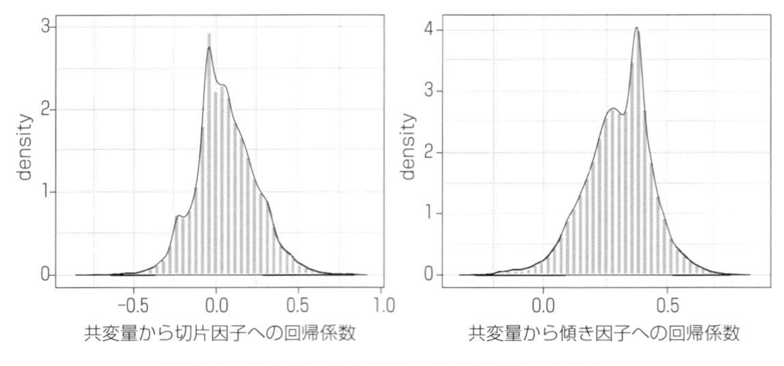


図 17.4　共変量から各因子への回帰係数の事後分布

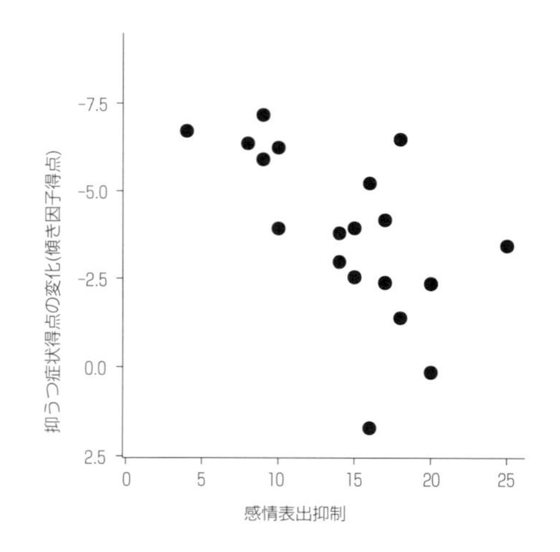


図 17.5　傾き因子得点と共変量の散布図

をよくみると，2 峰性がうかがわれる。感情表出抑制が抑うつ症状の改善に与える影響が異なる，下位集団が存在することを示唆する。しかしこの点は，紙面に限りがあるため，今後の検討すべき課題として留めることにする。

最後に，経験ベイズ事前分布を設定したモデルの共変量と傾き因子得点の散布図を図 17.5 に示す。図 17.5 から，共変量の得点が高いほど，抑うつ症状の改善の度合いが低下しており，これは認知行動療法の介入効果が，感情表出抑制の高い個人においては損なわれることを示唆する。

## 17.4 結語

本章では，小規模な集団に実施した介入の効果とその効果に影響を与える要因を検討する潜在成長曲線モデルのパラメータをベイズ流の枠組みで推定した。本章のデータでは，解析の一例としてデフォルト設定の漠然事前分布と経験ベイズ事前分布を用いた結果を示した。もし，事前情報として利用可能な先行研究のデータが存在するのであれば，その情報を事前分布パラメータに反映させることも可能である。また，先行研究の情報がない場合には，当該領域の専門家数名に，想定されるパラメータの値を聴取し，それを事前分布のパラメータに用いるといった方法も提案されている。心理療法の臨床試験には，時間と労力のいずれにおいても膨大なコストがかかる。介入期間だけでも 1 人につき 3〜4 か月以上の時間が必要となり，治療者が数名，治療者とは独立した症状評価者が数名，コーディネータが数名必要になる。それだけの時間と労力をかけても，リクルートできる患者が 1 年〜2 年間で 15〜30 名程度であることが稀ではない。そのように膨大なコストを費やしたデータが介入の有効性の有り無しの判定だけに用いられるのは，変化の心理プロセスを研究する心理学者としていささかもの足りない。構造方程式モデリングで介入による改善プロセスを検討したいが小規模データであるがゆえに断念した数々のデータに，ベイズ推定で灯りをともそう。そしてその灯火が消えないように，事前分布の設定に心を燃やそう。

## 17.5 付録

blavaan によるベイズ推定のコードを示す。なお blavaan の bsem 関数の引数で，mcmcfile = T とすることで，Stan のモデルが記述された stan ファイルや MCMC の結果が格納された Rdata ファイル出力がされる。

```
LGMddp <-'
# i は切片因子, s は傾き因子
i =~1*BaseGRIDHAMD + 1*PostGRIDHAMD + 1*FuGRIDHAMD
s =~0*BaseGRIDHAMD + 1*PostGRIDHAMD + 2*FuGRIDHAMD

# 共変量から切片, 傾き因子へのパス
i~prior("normal(0,21.50)")*BaseSuppression
s~prior("normal(0, 9.02)")*BaseSuppression
```

```
# 誤差分散を推定
BaseGRIDHAMD~~prior("inv_gamma(0.001,0.001)")*BaseGRIDHAMD
PostGRIDHAMD prior("inv_gamma(0.001,0.001)")*PostGRIDHAMD
FuGRIDHAMD prior("inv_gamma(0.001,0.001)")*FuGRIDHAMD

# 因子平均を推定
i~prior("normal(0,14.92)")*1
s~prior("normal(0,14.92)")*1

# 因子分散を推定
i~~prior("inv_gamma(0.001,0.001)")*i
s~~prior("inv_gamma(0.001,0.001)")*s

# 因子間共分散を推定
i~~prior("beta(1,1)")*s
'

# ベイズ推定を stan で実行
blavaan::bsem(LGMddp,data = dat,
burnin = 1000,
sample = 5000,
target ="stan", mcmcfile = T)
```

# 第 18 章
# 本当に麻雀が強いのは誰か？
## ――ディリクレ分布を用いた雀力のモデリング――

筆者は麻雀が大好きである。麻雀は運の要素が大きい競技ではあるが，実力が反映される余地も十分にある。何故なら，麻雀の勝ち負けは，プレイヤーが行う無数の選択の積み重ねによって生じるものだからである。個々の選択場面には，良い選択と悪い選択がある。より多くの良い選択を積み重ねることができれば，安定して高い勝率を示すことができるだろう。

しかしながら，麻雀における運の要素が非常に大きいのも事実である。1回1回の対戦結果は必ずしも実力を反映していない。そのため，1度の対戦結果をもって誰が強いのかを論じることはできない。魚谷（2016）[1]は，実力を推し量るために，個々の対戦結果を記録として残し，1000 半荘[2]ほどの対戦成績を平均する方法を提案している。

筆者も，日頃の麻雀仲間との対戦結果を記録として残し，麻雀の実力（＝麻雀力＝雀力）を推し量るための一助としている。ところが，1000 半荘というのは筆者や筆者の麻雀仲間にとってはあまり現実的な数ではなく，現時点では 150 半荘程度の対戦結果しか蓄積されていないのである[3]。

そこでベイズ統計モデリングの登場である。本章では，約 150 半荘という少ない数のデータから筆者や筆者の麻雀仲間の雀力を推定してみたいと思う。麻雀の対戦結果は，各プレイヤーの実力をもとに，運の要素という不確実性を伴って生成されるデータである。麻雀におけるこのような不確実性をどのように表現するかがモデリングの鍵となるだろう。

## 18.1　麻雀データとは

本節では，これから扱う麻雀データについて簡単に説明する。なお，麻雀の詳細なルールについては，インターネット上のウェブサイトや入門書などを参照されたい。

麻雀では，1 半荘の中で各プレイヤーがアガリを競い，点数のやりとりを行う。半荘終了時に多くの点数を持っているプレイヤーが勝者となる。その際，持って

---

1）魚谷侑未（2016）．ゆーみんの現代麻雀が最速で強くなる本　鉄人社

2）半荘（はんちゃん）は麻雀の 1 回の対戦の単位。

3）データの蓄積を始めてからおよそ 3 年の月日を要している（2018 年 4 月 20 日現在）。

いる点数の多い順に1着，2着…と着順が付与される。最終的には，各プレイヤーの点数に着順のボーナス等を反映させたポイントと呼ばれる数値が対戦結果となる。

多くの場合，1度に複数回の半荘を行い，各半荘で得られたポイントの合計を競うのが一般的であろう。筆者らはおおよそ4〜8半荘を行い，その日の勝者を決めている（表18.1）。たとえば，表18.1のような日があれば，B氏の勝ちである。これから行う分析には，22日分，合計143半荘のデータを用いる。

表18.1　ある対戦日の対戦結果

| | A氏 | B氏 | C氏 | D氏 |
|---|---|---|---|---|
| 1半荘目 | 10 | -26 | 66 | -50 |
| 2半荘目 | 5 | -38 | -24 | 57 |
| 3半荘目 | -23 | 45 | -34 | 12 |
| 4半荘目 | -39 | 44 | 9 | -14 |
| 5半荘目 | -20 | 55 | 2 | -37 |
| 6半荘目 | -19 | 6 | 54 | -41 |
| 合計 | -86 | 86 | 73 | -73 |

まず，現時点で蓄積されているデータを概観してみよう。プレイヤーごとに各半荘のデータをプロットすると図18.1のようになる。図中のグレーの点は各半荘におけるプレイヤーのポイントを表しており，中心にある黒い点は各プレイヤーの平均ポイントを表している。最も平均ポイントが高いのはB氏であり，僅差でA氏やD氏が続く形となっている。しかしながら，各プレイヤーの平均ポイントは非常に僅差であり，観測データだけでは誰が強いのかはほとんどわからないと言ってよい。

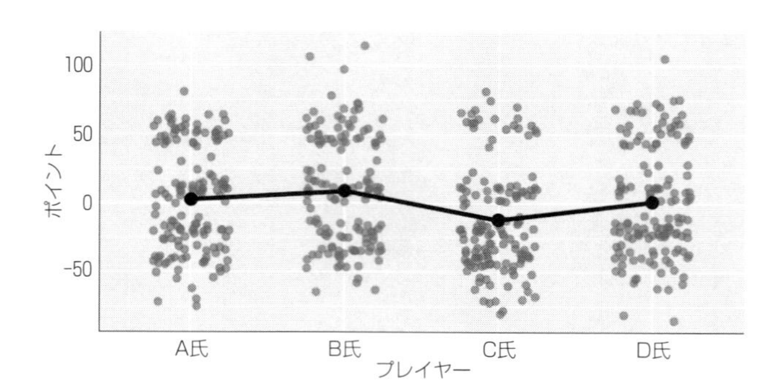


図18.1　各プレイヤーのポイント

ここで，麻雀データが持つ特徴について触れておこう。1つは麻雀のポイントには理論上，上限や下限がないことである。すなわち，いくらでもポイントを稼ぐこともでき，いくらでもマイナスする可能性もあるということである。しかし，表18.1にあるように，現実的にはおよそ－100から100の値になることがほとんどである。2つ目の特徴は，半荘終了時における各プレイヤーのポイントを合計すると，必ず0になることである。特に，2つ目の特徴は麻雀データをモデリングするうえで特に重要である。各プレイヤーのポイントの総和がかならず0になるということは，プレイヤーごとに独立にデータを生成するような統計モデルは適さない。各プレイヤーの雀力から不確実性を伴ってデータを生成する際には，その相対性も考慮しなくてはならない。次節以降では，本章における麻雀データモデリングの工夫について紹介する。

## 18.2　ディリクレ分布を用いた麻雀データの生成

ディリクレ分布は任意の要素数をもつ正の実数ベクトルをパラメータとした確率分布である。ディリクレ分布には，「合計すると1になる確率のベクトルを生成する」という特徴がある（松浦，2016）[4]。このような特徴から，ディリクレ分布は確率をパラメータとするカテゴリカル分布の事前分布によく用いられる。

ディリクレ分布は，麻雀データのデータ生成分布として非常に都合のよい特徴を有している。それは，①総和が常に一定である，②相対的な実数ベクトル，を生成するということである。これは，前節で述べた麻雀の特徴2に一致している。

もちろん，麻雀のデータはそのままではディリクレ分布が生成する値にスケールが一致していないため，データの構造はそのままに，スケールを変換する必要がある。このような事態には，ソフトマックス関数が有効である。ソフトマックス関数はベクトルで与えられたデータを0-1の範囲を取り，総和が1であるベクトルに畳み込むことができる。数式で表すと，以下のようになる。

$$point_{it} = \frac{\exp(\alpha_{it})}{\sum_i^4 \exp(\alpha_{it})} \quad (i = 1, \cdots, 4,\ t = 1\cdots, 143) \tag{18.1}$$

$\alpha_{it}$は，プレーヤー$i$の，半荘$t$における変換前ポイントである。指数変換した各要素をその総和で割ることによって，添え字$i$に関する和が1になる$point_{it}$を得

4）松浦健太郎（2016）．StanとRでベイズ統計モデリング　共立出版

る。これを以下のようにベクトル表記する。

$$\overrightarrow{point_t} = (point1_t, point2_t, point3_t, point4_t) \tag{18.2}$$

ディリクレ分布を用いて麻雀データの生成部分をモデリングすると，次のようになる。

$$\overrightarrow{point_t} \sim dirichlet(\overrightarrow{janryoku}) \tag{18.3}$$

各要素は，変換後の各プレイヤーのポイントを表している。また，$\overrightarrow{janryoku}$ は麻雀の強さを反映するパラメータのベクトルである。このようにモデリングすることにより，各半荘の結果が，各プレイヤーの実力をもとに，運の要素という不確実性を伴って確率的に生成されていることを表現できる。

## 18.3　雀力の比較

ディリクレ分布を用いることにより，総和が常に一定である麻雀データをモデリングすることができた。この統計モデルについて，ハミルトニアンモンテカルロ法を用いたベイズ推定を行った。マルコフ連鎖のチェイン数は4本とし，1000回のサンプリングを行った。分析の結果，すべてのパラメータの$\hat{R}$は1.1を下回っており，実行サンプルサイズやモンテカルロ誤差の値も良好であったため，収束していると判断された。なお，本モデルのRスクリプトは章末の付録に掲載している。

雀力について，各プレイヤーの推定結果をプロットしてみよう。図18.2は *janryoku* パラメータについて，得られた事後分布をプレイヤーごとにプロットしたものである。

図18.2を見るとA氏，B氏，D氏の3名の雀力はほとんど違いがないことがわかる。図18.1ではB氏が最も高い平均ポイントを示しているが，この3名の結果の差は誤差の範囲，すなわち運によるばらつきであると言えよう。特に，B氏については稀に高ポイントで半荘を終えることがあり，このような外れ値の存在が平均を引き上げているのかもしれない。

ここで，豊田（2016）[5] をもとに，各プレイヤーの雀力に差がある確率を考え

5）豊田秀樹（2016）．はじめての統計データ分析　朝倉書店

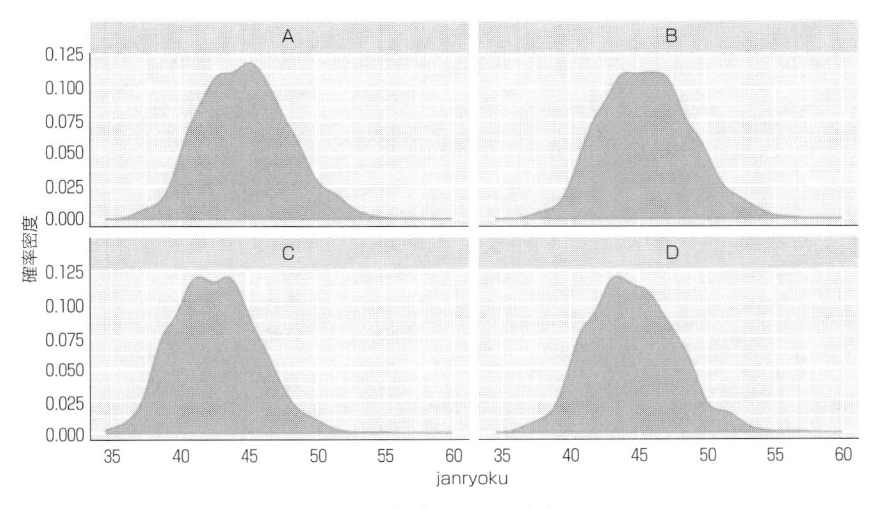


図 18.2　各プレイヤーの雀力

てみよう。プレイヤー $i$ の母数が $i'$ の母数より大きい確率は以下の生成量のEAP 推定値で求められる。

$$u_{janryoku_i > janryoku_{i'}} = \begin{cases} 1 & janryoku_i > janryoku_{i'} \\ 0 & \text{それ以外の場合} \end{cases} \tag{18.4}$$

表 18.2 はそれぞれのプレイヤー間で雀力に差がある確率をまとめたものである。はっきりとしたことが言えるのは，A 氏，B 氏，D 氏の 3 名はそれぞれ 95% 以上の確率で C 氏よりも高い雀力を持っているということである。実際のデータである図 18.1 を見る限りでは各プレイヤーに明確な差があるようには見えないが，モデリングをすることによってその差を検出することができたと言える。なお，表 18.2 の確率は比較する 2 名のプレイヤー間で雀力に差がある確率をそれぞれ別々に算出したものであり，同時に成立する確率でないことには注意が必要である。

表 18.2　プレイヤー間の雀力に差がある確率

| | A 氏 | B 氏 | C 氏 | D 氏 |
|---|---|---|---|---|
| A 氏 | | 0.12 | 0.99 | 0.60 |
| B 氏 | 0.88 | | 1 | 0.92 |
| C 氏 | 0.00 | 0.00 | | 0.00 |
| D 氏 | 0.40 | 0.08 | 0.99 | |

$i$ 行目のプレイヤーの雀力が $i'$ 列目のプレイヤーの雀力よりも高い確率

そのほか注目すべき点としては，B氏はA氏やD氏よりも高い雀力を有している確率が90%程度あるということである。データと比較するとこちらも十分高い確率であるように思われる。特に，B氏とD氏の比較では92%の確率であるため，B氏がD氏よりも強いことは概ね断言できるだろう。

ところで，図18.2を見ると，各プレイヤーの*janryoku*パラメータの事後分布はほとんど重なり合う状態である。しかしながら，表18.2では意外にもプレイヤー間に差がある確率は高い値となっている。これは，プレイヤーごとの*janryoku*パラメータの相関が非常に高いことが原因である。

図18.3は，プレイヤー間の*janryoku*パラメータの散布図をすべての組み合わせについて作成したものである。散布図中の直線は，2人のプレイヤーの*janryoku*パラメータが同一の値である場合を表している。したがって，直線より上または下に布置されている値は一方のプレイヤーより他方のプレイヤーが高いことを示す。図18.3を見ると，確かにB氏の*janryoku*はC氏の*janryoku*より常に高い値であることがわかるだろう。

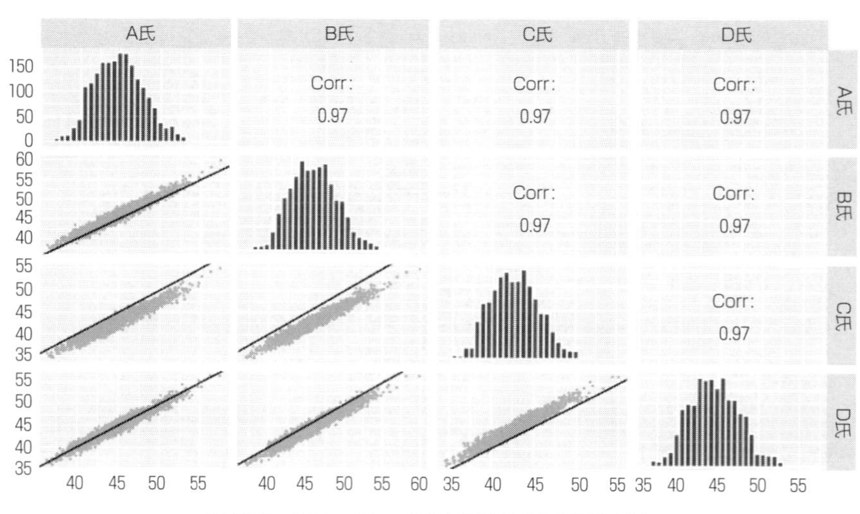


図18.3　各プレイヤーの雀力に関する多変量散布図

さて，本章のタイトルにもなっている「本当に麻雀が強いのは誰か？」という問いに答えてみよう。この問いには，あるプレイヤーがそれ以外の3名よりも高い雀力を有している確率を計算することで答えることができる。B氏を例にとるならば，B氏＞A氏かつ，B氏＞C氏かつ，B氏＞D氏である確率を計算すればよい。

B 氏の雀力が他の 3 名のプレイヤーよりも高い確率を計算してみたところ，0.93 であった。95%には満たないが，十分自信をもって差があると言える確率だと思われる。したがって本章では，本当に麻雀が強いのは B 氏とする。

今回用いたディリクレ分布のモデルは非常にシンプルな構造ではあるものの，データからは見えにくい雀力の差を見いだすことに成功したといえよう。これは，麻雀における運の要素という不確実性を考慮しつつ，雀力をモデリングできているからだと思われる。データ数が十分ではなかったとしても，データが生成される過程を丁寧に考慮してモデリングすることができれば，その背後に控える潜在的な構成概念を扱うことができるのである。

## 18.4　まとめと限界

本章では，現実のデータ生成過程をじっくり考え，それに即した統計モデルを構築する，ということに重きをおいている。麻雀データを分析したい，という動機づけは読者の皆様にはないかもしれないが，麻雀データという制約の大きいデータをどのようにモデリングするか，という点で参考になれば幸いである。

最後に，本章で行ったモデリングの限界点について述べる。筆者はこれまで何度も麻雀データをモデリングし，どのような統計モデルを立てることが最適であるかを模索してきた。本章で紹介したモデルがその最終到達地点であるとはまったく思わないが，これまで考慮してきたいくつかのモデルについて，検討してみたいと思う。

麻雀データをモデリングするうえで最も重要なのは，運の要素をどのように考慮するか，である。仮に，ディリクレ分布を用いたデータ生成部分は固定とすると，それより上の階層では，極力運の要素が反映されてしまうような自由度は持たせるべきではない。たとえば，対戦日ごとの成績に時系列的変化を仮定するような分析を行う場合は，各対戦に反映される不確実性と時系列的変化をどのように分離するかが鍵となる。現時点ではこの問いに対する明確な解を見つけ出すことができなかったため，今回のモデリングでは雀力の時系列的変化をモデリングすることはしなかった。

今回のモデリングでは雀力によって生成されるデータとしてポイントのみを用いている。したがって，モデルによって表現されている雀力はなるべく高いポイントを稼ぐ技術である。しかし，一言で雀力といっても，麻雀には様々な技術がある。たとえば，半荘をなるべく高いポイントで制する技術も重要ではあるが，他のプレイヤーの着順やポイントを考慮して上手に立ち回ることも重要な技術である。しかしながら，今回は雀力における様々な技術的側面を考慮することはできなかった。今後は，多種多様なデータを用いることで総合的に雀力を表現し，より真の雀力を表現できるようなモデリングを心がけたい。

筆者はこれからもさらなるデータの蓄積と，現実に即した最適なモデルの構築に勤しむだろう。本章を執筆するにあたっては，筆者と筆者の麻雀仲間らのデータが用いられている。日頃より筆者と麻雀を打ち，データの公開も快く引き受けていただいた麻雀仲間の皆さんに感謝を申し上げ，本章を締めくくりたいと思う。

## 18.5　付録

以下にディリクレ麻雀モデルのコードを示す。

```
parameters {
  vector < lower = 0 > [playerNum] janryoku;
  }

model {
  //雀力ベクトルをパラメータとしたディリクレ分布から各半荘のデータを生成
  for(t in 1:hantyanNum){
    point[t,] ~ dirichlet(janryoku);
    }
}
```

# 第19章 男女間のナルシシズム傾向の差の検討
## ――性別による DIF を統制したベイズ項目反応モデル――

> 「鏡や，鏡，壁にかかっている鏡よ。国じゅうで，だれがいちばんうつくしいか，いっておくれ。」[1)]

誰もがこの文言を一度は耳にしたことはあるだろう。これは，グリム童話「白雪姫」に登場する王妃が，自分の美しさに陶酔し，聞いたことを正直に答えてくれる不思議な鏡に向かって話しかける場面である。王妃は，鏡の「世界で一番美しいのはあなたです」という返答を心待ちに問いかけているが，ある日突然，鏡が「あなたは世界で二番目に美しい」と返答し，大層激怒してしまうというものだ。現代において，魔法の鏡に話しかけるような場面はないだろうが，このような王妃を見ることはしばしばあるかもしれない。

とある合コンにおいて，男性が女性たちに対して「君たちは本当にツイているね。なんたって，今日はこの僕と出会うことができたのだから」と発し，またある合コンでは，女性が男性に対して「わたしって，かわいいじゃないですか？　だから，男性がほっとかないんですよ～」と発言している場面に遭遇したことがあるかもしれない。白雪姫の王妃を始め，このような人々は，一般的にはナルシストと呼ばれ，特に心理学では，ナルシシズム（自己愛性）が高いと表現される。そして，精神医学においてナルシシズム傾向が著しく高い人は，自己愛性パーソナリティ障害と呼ばれ，パーソナリティ障害の１つだと診断される。自己愛性パーソナリティ障害の人は，自分が特別な存在だと思いこみ，しばしば傲慢な行動や態度をとるとされる。

## 19.1　はじめに

筆者個人は，上記のナルシシズム傾向の高いことが必ずしも悪いことだとは思わない。筆者の周りにいるモテる男，モテる女はナルシストではないが，自分に自信をもち，自分を少なからず愛する人物たちである。では，不器用な筆者が，

1）グリム　世界名作　白雪姫（1949）．　光文社（青空出版：https://www.aozora.gr.jp/cards/001091/card42308.html）

彼ら，彼女らのように異性に対して適切な魅力を発信するためには，どのようにアピールすればよいのだろうか。そのために大事なことは，“適度な”ナルシシズムが必要だということだ。もし，ナルシシズムが少なければ，頼りない男と判断され，十分に魅力をアピールできないだろう。一方で，もし，ナルシシズムが高すぎれば，それこそ傲慢で自分大好きな男だと思われ，女性にうまくアピールできないだろう。

つまり，異性に好かれる適度なナルシシズムを定量的に把握できれば，モテる人になるための方策が立てられるかもしれない[2]。そのために，本章ではベイズ統計モデリングを用いて，ナルシシズムを測定する尺度項目から，男女間のナルシシズムの捉え方の違いを定量的に評価する。そして，この結果を用いて，（主に筆者が）適切なナルシシズムを身につけ，モテ男になるためにどうしたらよいのかを検討する。

## 19.2　ナルシシズム測定尺度について

ナルシシズムとは，成人期早期頃に始まる，空想または行動における誇大性や賛美されたい欲求，共感の欠如の広範な様式で明らかになることをさす[3]。Raskin & Hall（1979）[4]は，一般人のナルシシズムの程度を測定するために，自己愛性人格尺度（Narcissistic Personality Inventory: NPI）を作成した。本章でも，このNPI尺度を使用する。

NPI尺度は，全40項目で構成されており，1つの項目に2つの文が用意されている。回答者は2つの文のうち，自分に合う文1つを選択する。たとえば，「私は人々に影響を与えるような才能をもっている」と「私は人々に影響を与えるのは得意ではない」といった項目や，「私は本を読むように人の心を読める」と「時々人が何を考えているのか理解できない」といった項目が存在する。尺度は，各項目の1点ずつの配点で最大40点満点になっており，高得点であるほどナルシシズム傾向が強いことを表す。

2）本来，このような能力は計算せずに発揮されることが望ましいのであるが，残念なことに筆者はそれを自然に行えるほど器用な男ではない。

3）American Psychiatric Association（2013）. *Diagnostic and Statistical Manual of Mental Disorders: DSM-5.* 高橋三郎・大野　裕（監訳）(2014). DSM-5 精神疾患の診断・統計マニュアル

4）Raskin, R. N., & Hall, C. S. (1979). A narcissistic personality inventory. *Psychological reports,* **45**(2), 590.

ここで，次の調査場面について考えてみる。ある 20 歳の男性がこの尺度で 20 点を獲得し，別の 19 歳の女性も 20 点を獲得したとしよう。このとき，両者のナルシシズム傾向は同じと判断してよいだろうか。通常の調査では，素点（そのままの点数）による解釈を行うことが一般的であるため，両者のナルシシズム傾向が同一と判断されることが多いかもしれない。

しかしながら，男女間で項目文の捉え方が異なる，または，年齢間で項目文の捉え方が異なるという可能性はないだろうか。もちろん，データ分析の前に，性別や年齢による影響がないかが検討されることもあるだろう。たとえば，回答者を男女群に分けて，その平均得点の差を $t$ 検定で検討し，$p$ 値とかいう魔法の値が 0.05 より大きいか，小さいかだけで男女差の影響を語ってしまう文化がそれにあたる。ただ，この方法では，どの項目にどのような男女差があるのかについて検討することができない。一般的に，どの項目が性別差なりに，どの程度影響を与えているのかを突き止めることはできるが，どのような影響を与えているのかを詳しく見ることはできない。

ベイズ統計モデリングの重要なポイントは，与えられたデータからデータ生成メカニズムを読み解き，それを参考に確率モデルを拡張することである。つまり，調査データを用いて，（ベイズ）統計モデリングを行いたいのであれば，各項目が回答にどの程度影響を与えているのかに加え，どのような影響を与えているのかについてもモデリングする必要があるだろう。そして，筆者は個人的に，そこが調査データにおける（ベイズ）統計モデリングの最も楽しい部分だと考える。

では，我々は今回の状況で，どのようにして，“どのような影響を与えているのか”の部分を考えればよいだろうか。その 1 つの分析手法として項目反応モデルがあげられる。

## 19.3　分析目的と分析データ

本章では，ナルシシズムを測定する NPI 尺度を用いて，各項目で男女間のナルシシズムの捉え方がどのように異なり，項目回答にどのような影響を与えているのかについてモデリングすることが大きな目的である。そして，その結果をもとに，（主に筆者が）“ちょいナル男”[5] になるためにどうすればよいのかを検討

5）少しだけナルシストな男の意味。ちょいワル男と掛けている。

する。

今回分析に使用するデータは，Open Source Psychometrics Project（https://openpsychometrics.org/_rawdata/）より入手することのできる，NPI尺度の項目回答データである（$N=11,243$）。そして，今回は性別変数に重きをおき，年齢による影響を除外するため，本データの20歳[6]の項目回答データのみを抽出し，欠損値をリストワイズ除去した424人（男性247人，女性177人）を分析対象とした。

## 19.4　項目反応モデル

項目反応モデル（item response model）では，回答者$j(=1,\cdots,J)$が項目$i(=1,\cdots,I)$に対してナルシシズム度が高いほうを選択する確率$p(y_{ij}=1|\theta_j,\alpha_i,\beta_i)$を図19.1のプレート表現のように表す。ただし，図19.1では，性別効果を考慮した項目反応モデルとなっており，通常の項目反応モデルは添え字$g$を除いたものとなる。

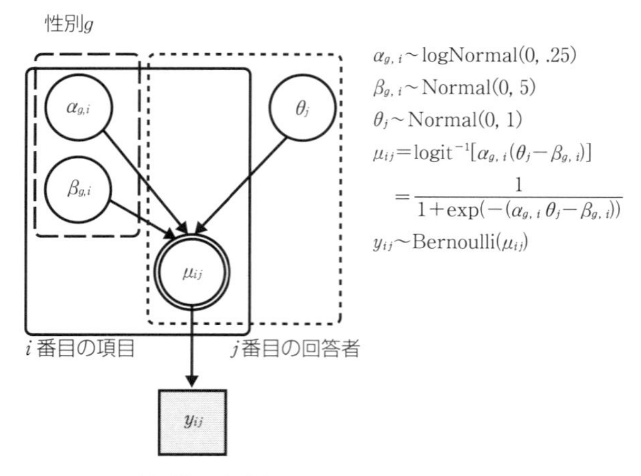


図19.1　性別効果を考慮した項目反応モデルのプレート表現

このモデルは，1つの観測変数（$y_{ij}$）と3つの潜在変数パラメータ（$\alpha_i$，$\beta_i$，$\theta_j$）で構成された確率モデルである。言い換えれば，回答者の項目反応（0 or 1）

6）20歳を選んだ理由はこの前後の年齢で最も男女比が0.5に近かったためである。

を，回答者 $j$ に関する潜在変数 $\theta_j$ と項目 $i$ に関する潜在変数 $\alpha_i$，$\beta_i$ の 2 種類，計 3 個の潜在変数パラメータに分離する確率モデルでもある[7]。そして，この項目反応モデルは，項目反応理論（Item Response Theory）と呼ばれるテスト理論に依拠した確率モデルである。

では，ここからは項目反応モデルにおけるそれぞれのパラメータが表す意味について考えてみよう。本章で扱うモデルは，特に 2 パラメータロジスティックモデルと呼ばれる。$\theta_j$ は，回答者 $j(=1,\cdots,J)$ における特性値[8]を表す。ここで $\theta_j$ は，ナルシシズム度にあたり，この値が大きくなるほど，回答者 $j$ のナルシシズム傾向が高くなることを表す。そして，一般的に，回答者全体の特性値の分布として標準正規分布（Normal（0, 1））を仮定するため，たとえば，特性値が +1 の回答者は，平均よりも 1 標準偏差，特性値が高いことを意味する。

$\alpha_i$ は，項目 $i(=1,\cdots,I)$ の識別力を表す。識別力といってもあまりピンとこないだろうから，ここからは図を導入して考える。図 19.2 は，項目反応モデルを考えるうえで欠かすことのできない，項目特性曲線（item characteristic curve）である。横軸に回答者の特性値 $\theta$ をとり，縦軸がその項目への反応（回答）確率を表す。1 つの曲線から，ある 1 項目内で特性値 $\theta$ を変化させたときの反応確率の変化を解釈することができる。識別力 $\alpha_i$ は，図 19.2 中の Q1 と Q2 の違いと対応する。識別力 $\alpha_i$ の変化（Q1 と Q2 の変化）は，$\beta_i$ における反応確率の傾きの変

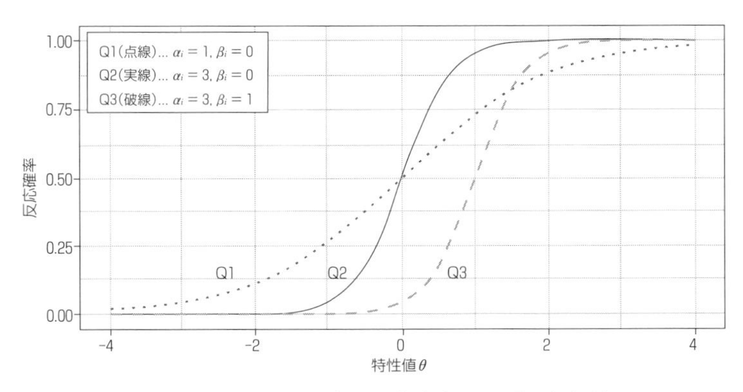


図 19.2　項目特性曲線（1 つの曲線が 1 つの項目を表す）

7）項目反応モデルの中には，さらにパラメータの多いモデルや，多値項目回答を複数の潜在変数パラメータに分離するモデルも存在するが，本章では扱わない。

8）本章では，特定の質問紙で測りたい構成概念を特性値と表記するが，場合によってはこれを個人特性や，テストデータ分析の文脈では，能力と呼ぶことがある。

化に対応している。つまり，Q1では，回答者における特性値（ナルシシズム傾向）の増加とともに，Q1を1と選択する確率が特性値の0を境に緩やかに増加しているが，Q2では，特性値の増加とともに，Q2を1と選択する確率が特性値の0を境に急激に上昇していることがわかる。それだけQ2が特性値0付近の回答者のナルシシズム傾向を識別できる項目であることを表している。また，本章で扱う2パラメータロジスティックモデルでは，特性値が上昇するとともに項目の反応確率も単調増加するという仮定をおいているため，識別力$\alpha_i$は0以上の値のみをとる。

$\beta_i$は，項目$i$の困難度を表す。図19.2の項目特性曲線でいえば，Q2とQ3の横移動の変化が，困難度$\beta_i$の変化に対応している。たとえば，両項目の反応確率が0.5以上になるときの特性値に注目してみると，Q2は特性値が0以上の回答者であれば反応確率が0.5を超えるが，Q3は特性値が1以上の回答者でないと反応確率が0.5を超えない。言い換えると，特性値0の回答者は，Q2に対して0.5の反応確率でナルシシズム傾向と反応するが，Q3に対しては0.06程度の反応確率でしかナルシシズム傾向だと反応しないと解釈できる。今回の状況において，項目の困難度$\beta_i$が大きくなることは，ある特性値の回答者がその項目に対してナルシシズム傾向と反応しにくくなることを意味している。つまり，困難度の高い項目は，回答者のナルシシズム傾向がよほど高くないと反応されない項目だと考えることもできる。

ここまで登場した潜在変数パラメータの線形結合を逆ロジット変換し（(19.1)式），その値$\mu_{ij}$に基づいたベルヌーイ分布からデータ$y_{ij}$が生成される（(19.2)式）というのが項目反応モデルである。

$$\mu_{ij} = \mathrm{logit}^{-1}[\alpha_i(\theta_j - \beta_i)] \tag{19.1}$$

$$y_{ij} \sim \mathrm{Bernoulli}(\mu_{ij}) \tag{19.2}$$

本章で使用する項目反応モデルの事前分布は次のとおりである。これらの設定は通常の項目反応モデルでも用いられる設定である。

$$\theta_j \sim \mathrm{Normal}(0, 1) \tag{19.3}$$

$$\alpha_i \sim \mathrm{logNormal}(0, .25),\ \beta_i \sim \mathrm{Normal}(0, 5) \tag{19.4}$$

以上をもとに，項目回答から項目反応モデルの潜在変数パラメータを推定することで，どの項目が，どのような影響を項目回答に与えているのかを検討することができる。ここでいう“どのような”について検討するには，項目に関する潜在変数パラメータを解釈すればよい。

## 19.5　通常の項目反応モデルの分析結果

事後分布は，分析ソフト Stan を使用し，ハミルトニアンモンテカルロ法による MCMC 法によって近似した。反復回数 6000 回のチェインを 4 本回し，そのうちの 500 回をウォームアップ区間とし，間引き回数（thinning）を 10 回として計 2200 個の事後乱数サンプルを利用した。パラメータで $\hat{R}$ が 1.10 以下であることを確認したため，事後分布が収束していると判断した。そして，推定された事後分布の事後平均値をもとに描いた項目特性曲線が，図 19.3 である。

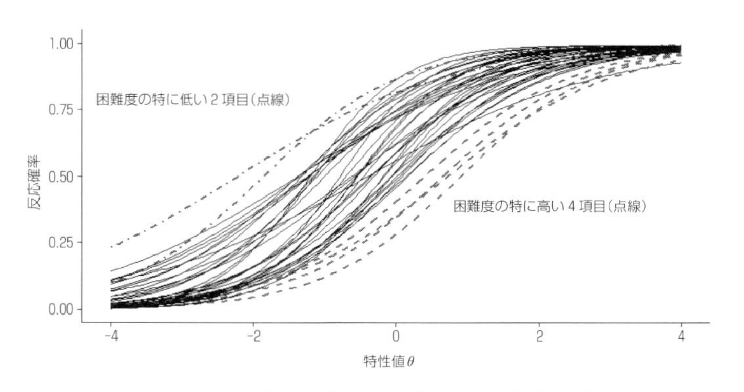


図 19.3　事後平均値をもとに描いた項目特性曲線

図 19.3 より，困難度 $\beta_i$ が同じような項目が複数存在し，一方でそれらの項目よりも高い項目（4 項目）や低い項目（2 項目）を確認できる。まず，困難度が他よりも低い項目は，Q3「私は臆せず何でもやろうとする」「私はかなり慎重に行動しがちである」，Q23「時々，私は良いことをいう」「誰もが私の話を聞くのが好きだ」である。困難度が低いことは，ナルシシズム傾向が多少低くてもナルシシズムである側の選択肢を選択しやすい項目であることを指すが，確かに，Q3 はナルシシズムというよりも行動の積極性について尋ねているので，このような結果に至ったのではないだろうか。Q23 も困難度は低いが，Q3 よりも識別力が高い，つまり，比較的ナルシシズム傾向が低い回答者でもナルシシズムに該当する選択肢を選びやすい項目ではあるが，Q3 よりもナルシシズム傾向をきち

んと判断することのできる項目であることを指している。

では，困難度が他よりも高い4項目を見てみよう。困難度が高い順に，Q8「私は成功すると思う」「私は成功することを気にしていない」，Q29「私は鏡で自分自身を見ることが好きである」「私は鏡で自分自身を見ることに特に興味を抱かない」，Q1「私は人々に影響を与えるような才能をもっている」「私は人々に影響を与えるのは得意ではない」，Q26「賞賛されるのは困る」「賞賛されるのが好きである」である。これらの困難度が高い項目は，よほどナルシシズム傾向が高くないとナルシシズムに該当する選択肢は選びにくい項目であることを意味している。確かに，私は成功するに違いないや，鏡を見ることが大好きを始めとするこれらの項目は，本章冒頭の王妃を彷彿とさせるナルシシズム傾向が高くないと選ばないだろう。そして，項目の識別力も十分に高かったため，ナルシシズム傾向の高い人をきちんと判別できる項目であることが判明した。このように，項目の困難度と識別力の両方を解釈することでナルシシズム傾向を測定している項目の特徴を多面的に捉えることが可能になる。

## 19.6　性別効果検討のための拡張項目反応モデル

では，ここからは，男女間で各項目のナルシシズム傾向がどのように異なる解釈がされ，どのような影響を項目に与えていたのかについて検討してみよう。本章で扱う，男女間で項目の捉え方が異なり，項目回答への影響があるのではないかという疑問は，項目分析の文脈では一般的に特異項目機能（Differential Item Functioning: DIF）の問題として扱われる。

DIFは，回答者の所属している集団や属性の違いが項目回答に影響を与える現象をさす。たとえば，今回のような男女間のDIFの例として考えられるのが，恋愛観に関する尺度を男女に実施する場合である。巷ではよく，別れた後の元恋人への考え方は男女間で相違があるといわれる。男性は，脳内の元カノのイメージを保存したフォルダを消去することなく，次の恋愛へと移る（付き合った女性ごとにフォルダがある）といわれ，女性は，脳内の元カレのイメージフォルダをきれいさっぱり抹消して次の恋愛に移る（上書き保存を行う）といわれている[9]。この項目回答データを分析して，若者の恋愛傾向を検討しようとするときに，性

9）巷で言われているが，真偽は不明である。

別という回答者属性を統制しなければ若者の恋愛観に関する結果の解釈が歪んでしまうことも考えられる。これが，回答者の性別属性によって項目回答が歪むDIFの例である。DIFには，他にも文化，年齢，出身国といた様々な属性による影響があるといわれている。

本章では，ナルシスト尺度における男女間のDIFの影響を統制するために，通常の項目反応モデルの$\alpha_i$と$\beta_i$に性別を表す新たな添え字$g$を加えた。これをプレート表現したものが，図19.1記載のフルモデルである。基本的に先ほど分析した項目反応モデルとほぼ同様である。では，この拡張項目反応モデルで分析を実施してみよう。

## 19.7　拡張項目反応モデルの分析結果

分析および設定は，5節と同様の手順で行った。男女における項目特性の違いを考えるうえで，①どのような特性値$\theta$においても男性が女性よりもナルシシズム傾向の回答をしやすい項目，②その逆の項目，③性差による影響が小さい項目，④特性値$\theta$が低いと男性の方がナルシシズム傾向の回答をしやすいが，特性値$\theta$が高いと女性がナルシシズム傾向の回答をしやすい項目，⑤その逆の項目の全部で5種類の項目回答パターンが考えられる。

図19.4は，男女間で項目特性の異なる6項目の項目特性曲線である。Q19「私の身体に特別なところはない」「私は自分の身体を見るのが好きだ」は，上記の解答パターンの①に該当する。つまり，ナルシスト傾向でない男性も自分の身体を見るのが好きと答えやすいが，女性はよほどナルシシズム傾向が高くないとそのように答えない項目である。言い換えれば，男性がナルシストと思っていなくても，女性にナルシストと思われるかもしれない項目だと解釈できる。

そして，Q23「時々，私は良いことという」「誰もが私の話を聞くのが好きだ」，Q11「私は積極的である」「私はもっと積極的だったらいいのに」，Q18「ほどよく幸せになりたい」「目に見えるものなんでもほしい」の3項目は，②の項目回答パターンの項目である。これらの項目では，男性はあまりナルシシズム度が高いほうを選ばないが，女性はナルシシズム傾向が強くない人も比較的ナルシシズム度が高いほうを選びやすい。つまり，どのような男性もこれらについては多少強く主張しても，女性にナルシストと勘違いされにくいのではないだろうか。

また，Q17「私がもっと有能だったら，決断における責任を担いたい」「決断

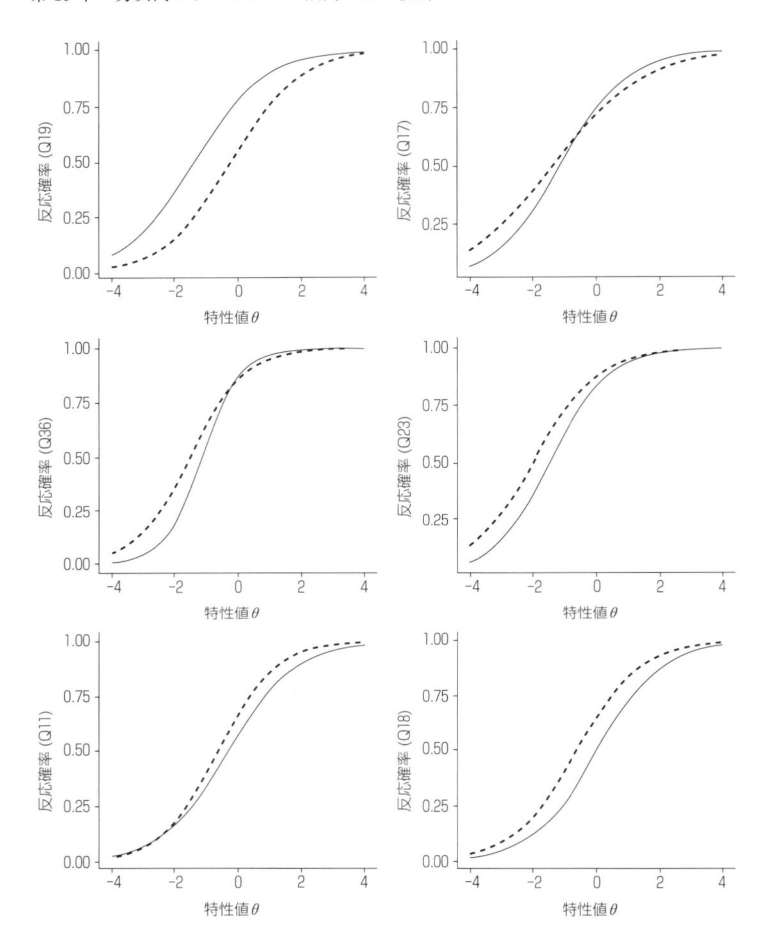


図19.4　男女差の大きかった項目の項目特性曲線（実線：男性，破線：女性）

における責任を担うのが好きだ」とQ36「生まれつきリーダーとしての素質がある」「リーダーシップを取るには，長い時間がかかるだろう」の2項目は⑤の項目回答パターンの項目である。これらの項目では，ナルシシズム特性値$\theta$が平均よりも低い女性はナルシシズム度が高いほうを選びやすいので，男性がすこし主張しても問題なさそうである。一方で，平均よりもナルシシズム傾向が高い女性と比べると，男性の方の反応確率が高い。したがって，これらの項目では，自分と相手のナルシシズム傾向の程度を把握しつつ，アピールすべきと解釈できるだろう。

## 19.8 おわりに

本章では，ナルシシズムを測定する尺度を用いて，各項目でどのように男女間のナルシシズムの捉え方が異なり，項目回答にどのような影響を与えているのかについてモデリングすることが大きな目的であった。その結果，いくつかの項目特性で男女間に差があることが判明した。

もし筆者が，女性にモテるために少しばかりナルシストになるのであれば，多少 Q23，Q11，Q18 のナルシシズム度が高いほうの選択肢と自分の気持ちが一致しなくても，「俺の話，少しはおもしろい」「積極的に行動しよう。よし，ご飯に誘ってみよう」「少し頑張って幸せになれそうなあれに挑戦してみよう」といった心持ちを今まで以上に持つことを意識する。これによってナルシストと勘違いされず，魅力的な男性と認識されるかもしれない。一方で，Q19 を満たすように「今日も俺の身体かっこいい。我ながら，ここの筋肉かっこいいな～」と過信すると，女性に「ナルシスト過ぎて無理‼」なんて思われちゃうかもしれない。少しの積極性と DIF 項目反応モデルが，あなたにちょいナルとちょいモテをもたらすだろう。

## 19.9 付録

性別効果を考慮した拡張項目反応モデルでの中心的な部分を表す Stan コードは以下である。本章における添え字 $i$ を ai に読み替えてモデルを読み解いてほしい。

```
transformed parameters {
  vector[N] mu;
  for (n in 1:N){
    if(g[n]== 0) {
      mu[n] = alpha[1,ai[n]] * (theta[j[n]] - beta[1,ai[n]]);
    }else{
      mu[n] = alpha[2,ai[n]] * (theta[j[n]] - beta[2,ai[n]]);
    }
  }
}

model {
  //prior distributions
```

```
  for (ii in 1:I) {
    alpha[1,ii] ~ lognormal(0,.25);
    alpha[2,ii] ~ lognormal(0,.25);
    beta[1,ii] ~ normal(0,5);
    beta[2,ii] ~ normal(0,5);
  }
  theta ~ normal(0,1);

  //liklihood (Vectorization)
  y ~ bernoulli_logit(mu); // Bernoulli dis. + inverse logit
}
```

# ■索　引■

## 事項索引

●す



●せ

●そ



●た



●ち



●て



●と



●な



●に



●の



●は

●ひ



●ふ



●へ



●ほ



●ま

欧文索引

## ●F



## ●G



## ●H



## ●I



## ●J



## ●L



## ●M



## ●N



## ●P



## ●R



## ●S



## ●T



## ●U



## ●V



## ●W

## 関数

## ▒執筆者一覧（執筆順）▒


| 氏名 | 所属 | 担当 |
|---|---|---|
| 豊田　秀樹 | 編者 | 01章 |
| 下司　忠大 | 早稲田大学大学院文学研究科・日本学術振興会特別研究員 DC | 02章 |
| 清水　裕士 | 関西学院大学社会学部 | 03章 |
| 平川　　真 | 広島大学大学院教育学研究科 | 04章 |
| 鈴木　朋子 | 横浜国立大学教育学部 | 05章 |
| 坂本　次郎 | 国立研究開発法人 産業技術総合研究所 | 06章 |
| 小杉　考司 | 専修大学人間科学部 | 07章 |
| 武藤　拓之 | 京都大学こころの未来研究センター | 08章 |
| 紀ノ定保礼 | 静岡理工科大学情報学部 | 09章 |
| 岡田　謙介 | 東京大学大学院教育学研究科 | 10章 |
| 徳岡　　大 | 高松大学発達科学部 | 11章 |
| 難波　修史 | 広島大学大学院教育学研究科 | 12章 |
| 後藤　崇志 | 滋賀県立大学人間文化学部 | 13章 |
| 国里　愛彦 | 専修大学人間科学部 | 14章 |
| 井上　和哉 | 東京都立大学人文社会学部 | 15章 |
| 鬼田　崇作 | 広島大学外国語教育研究センター | 16章 |
| 草薙　邦広 | 広島大学外国語教育研究センター | 16章 |
| 竹林　由武 | 福島県立医科大学医学部 | 17章 |
| 杣取　恵太 | 専修大学大学院文学研究科 | 18章 |
| 北條　大樹 | 東京大学大学院教育学研究科 | 19章 |

## ▒編者紹介▒

**豊田秀樹**（とよだ ひでき）

1961 年　東京都に生まれる

1990 年　東京大学大学院教育学研究科　教育学博士学位取得

現在　早稲田大学文学学術院教授

【主著・論文】

もうひとつの重回帰分析（単編著）東京図書　2017 年
心理統計法―有意性検定からの脱却（単著）放送大学教育振興会　2017 年
実践ベイズモデリング（単編著）朝倉書店　2017 年
はじめての統計データ分析（単著）朝倉書店　2016 年
基礎からのベイズ統計学（単編著）朝倉書店　2015 年
紙を使わないアンケート調査入門（単編著）東京図書　2015 年
共分散構造分析「R 編」（単編著）東京図書　2014 年
項目反応理論「中級編」（単編著）朝倉書店　2013 年
項目反応理論「入門編」＜第 2 版＞（単著）朝倉書店　2012 年
共分散構造分析「数理編」（単編著）朝倉書店　2012 年

**たのしいベイズモデリング**
**――事例で拓く研究のフロンティア――**

2018 年 9 月 30 日　初版第 1 刷発行
2021 年 6 月 20 日　初版第 3 刷発行

定価はカバーに表示してあります。


編　者　豊田　秀樹


発行所　㈱北大路書房

〒603-8303　京都市北区紫野十二坊町12-8
電　話　(075) 431-0361(代)
F A X　(075) 431-9393
振　替　01050-4-2083



印刷／製本　亜細亜印刷(株)
検印省略　落丁・乱丁はお取り替えいたします。
ISBN978-4-7628-3040-2 Printed in Japan